Die Rolls-Royce-Story: Herstellung der besten Automobile der Welt

bis

Etienne Psaila

Die Rolls-Royce-Story: Die Herstellung der besten Automobile der Welt

Dieses Buch ist Teil der Reihe "Automotive and Motorcycle Books" und jeder Band der Serie wurde mit Respekt für die besprochenen Automobil- und Motorradmarken erstellt, wobei Markennamen und verwandte Materialien nach den Prinzipien der fairen Nutzung für Bildungszwecke verwendet werden. Ziel ist es, zu feiern und zu informieren und den Lesern ein tieferes Verständnis für die technischen Wunderwerke und die historische Bedeutung dieser ikonischen Marken zu vermitteln.

Umschlaggestaltung von Etienne PsailaInneneinrichtung von Etienne Psaila

Webseite: **www.etiennepsaila.com**
Kontakt: **etipsaila@gmail.com**

Inhaltsverzeichnis

Kapitel 11: Die Zukunft von Rolls-Royce
- Fortschritte bei Elektrofahrzeugen: Das Gespenst
- Die Rolle von Künstlicher Intelligenz und autonomem Fahren
- Herausforderungen und Chancen der Nachhaltigkeit

Kapitel 12: Fazit
- Das bleibende Vermächtnis von Rolls-Royce
- Was die Zukunft bringt
- Abschließende Überlegungen zum Einfluss von Rolls-Royce

Anhänge
- Zeitleiste der Rolls-Royce-Meilensteine
- Glossar der Fachbegriffe
- Index der bemerkenswerten Rolls-Royce-Modelle

Einführung: Das Vermächtnis von Rolls-Royce

Zweck und Aufbau des Buches

Willkommen in der fesselnden Saga von Rolls-Royce, einem Namen, der für Luxus, Präzision und unvergleichliche Handwerkskunst steht. Dieses Buch zielt darauf ab, den reichen Teppich aus Geschichte und Innovation zu entwirren, der Rolls-Royce seit seiner Gründung vor über einem Jahrhundert geprägt hat. Geschrieben für Liebhaber von Automobilgeschichte und Technologie gleichermaßen, wird unsere Reise die Meilensteine, Herausforderungen und Triumphe dieser ikonischen Marke erkunden. Jedes Kapitel ist akribisch gestaltet, um einen tiefen Einblick in die Epochen zu bieten, die Rolls-Royce geprägt haben, von seinen bescheidenen Anfängen bis hin zu seinem heutigen Status als globales Symbol der Opulenz.

Was macht Rolls-Royce einzigartig?

Rolls-Royce ist nicht nur ein Automobilhersteller. Es ist ein Vorbote des Erbes, der Qualität und des technologischen Fortschritts. Die Marke zeichnet sich durch ihr Engagement für handwerkliche Perfektion aus, wobei jedes Fahrzeug ein Zeugnis des Ethos seiner Gründer Charles Rolls und Henry Royce ist. Ihr Pioniergeist führte zur Schaffung von

Autos, die nicht nur ein Fortbewegungsmittel, sondern auch ein Statusstatement und ein Erlebnis für sich waren.

Dieses Buch ist so aufgebaut, dass es Sie durch die faszinierende Entwicklung von Rolls-Royce führt. Wir beginnen mit einem Rückblick auf die Ursprünge des Unternehmens, beschreiben das persönliche und berufliche Leben seiner Gründer und die Synthese ihrer Träume in eine Realität, die die Automobillandschaft für immer verändert hat. Im Laufe der Jahrzehnte werden wir innehalten, um die technischen Innovationen zu würdigen, die Rolls-Royce sowohl auf die Straße als auch in die Luft gebracht hat und seinen Ruf sowohl bei Luxusautomobilen als auch in der Luft- und Raumfahrt gefestigt hat.

Navigieren durch die Kapitel

Die frühen Innovationen: Entdecken Sie die technischen und luxuriösen Standards, die von frühen Modellen wie dem Silver Ghost und dem Phantom gesetzt wurden.

Kriegsbeiträge: Verstehen Sie die zentrale Rolle von Rolls-Royce in beiden Weltkriegen, die nicht nur Luxusautos, sondern auch Motoren für den Antrieb von Flugzeugen lieferte.
Exzellenz und Expansion der Nachkriegszeit: Erleben Sie die Expansion von Rolls-Royce in der goldenen Ära des Automobils und seine Strategien,

den Gipfel des Luxus zu erreichen.

Moderne Zeiten und zukünftige Richtungen: Erfahren Sie, wie sich Rolls-Royce mit technologischen Fortschritten an die moderne Automobilwelt angepasst hat, einschließlich der Umstellung auf Elektrofahrzeuge.

Jedes Kapitel dieses Buches entführt Sie in die Epoche, die es beschreibt, angereichert mit Anekdoten, technischen Details und den weniger bekannten Geschichten hinter dem berühmten Spirit of Ecstasy-Emblem. Am Ende dieses Buches werden Sie ein tieferes Verständnis dafür haben, warum Rolls-Royce viel mehr als nur ein Automobilhersteller ist – es ist ein Handwerker mit Erfahrungen, ein Pionier der Technik und ein Leuchtturm des Luxus.

Begleiten Sie uns auf dieser exquisiten Reise durch die Geschichte von Rolls-Royce, bei der jedes Kapitel eine neue Ebene der Innovation und Pracht entfaltet, die diese legendäre Marke auch in die Zukunft führt.

Kapitel 2: Die Ursprünge

Frühes Leben und Ambitionen von Charles Rolls und Henry Royce

Bei der Entstehung von Rolls-Royce geht es sowohl um die Konvergenz zweier außergewöhnlicher Leben als auch um die Schaffung eines einzigartigen automobilen Vermächtnisses. Charles Stewart Rolls und Frederick Henry Royce, obwohl sie sehr unterschiedliche Hintergründe hatten, teilten einen unermüdlichen Antrieb und eine Vision, die schließlich eine der prestigeträchtigsten Marken der Automobilgeschichte schmieden sollte.

Charles Stewart Rolls wurde 1877 in die britische Aristokratie geboren. Schon in jungen Jahren zeigte er ein leidenschaftliches Interesse an Motoren und der aufstrebenden Welt der Verkehrstechnik. Rolls, der in Eton und später am Trinity College in Cambridge ausgebildet wurde, war nicht nur ein Gelehrter. Er war ein wahrer Enthusiast des mechanischen Zeitalters. In Cambridge studierte er Maschinenbau und angewandte Wissenschaften, was seine Faszination für Automobile und die Luftfahrt weiter befeuerte. Rolls gehörte zu den ersten in Großbritannien, die ein Auto besaßen, und er wurde bald ein wettbewerbsfähiger Autofahrer, der an verschiedenen Autorennen teilnahm. Seine Abenteuerlust hörte nicht bei Autos auf. Er war auch ein begeisterter Ballonfahrer und Flieger und wurde die zweite Person in Großbritannien, die eine

Pilotenlizenz besaß.

Henry Royce, geboren 1863, stammte aus bescheidenen Verhältnissen. Sein frühes Leben war geprägt von Entbehrungen, vor allem nach dem Tod seines Vaters, der die Familie in finanzielle Schwierigkeiten stürzte. Trotz dieser Herausforderungen bewies Royce einen beeindruckenden Intellekt und Entschlossenheit. Royce begann als Werkzeugmacherlehrling und seine Akribie und sein Engagement führten dazu, dass er auf dem Gebiet der Elektrotechnik innovativ war und sich auszeichnete. 1884 war er Mitbegründer der Firma F.H. Royce and Company, die sich zunächst auf elektrische Armaturen konzentrierte. Royces Aufmerksamkeit richtete sich jedoch bald auf die aufkeimende Automobilindustrie, angetrieben von seinem Beharren auf hohen Standards und seiner Unzufriedenheit mit den Autos der damaligen Zeit, die er als laut und unzuverlässig empfand.

Gründung von Rolls-Royce: Die Partnerschaft

Die Partnerschaft zwischen Rolls und Royce war ein glücklicher Zufall, der von einem gemeinsamen Bekannten, Henry Edmunds, katalysiert wurde, der die potenzielle Synergie zwischen Rolls' Unternehmergeist und Royces technischem Scharfsinn erkannte. Im Jahr 1904 arrangierte Edmunds ein Treffen zwischen den beiden

Männern, die schnell eine gemeinsame Basis in ihrem Engagement für Qualität und Exzellenz fanden.

Charles Rolls war besonders angetan von dem leisen Betrieb und der ausgefeilten Technik der Royce-Autos. Er sah in Royce nicht nur einen erfahrenen Ingenieur, sondern auch einen potenziellen Partner, der ihm helfen könnte, seine Vision von der Entwicklung überlegener Automobile zu verwirklichen. Für Royce bot die Partnerschaft mit Rolls die Möglichkeit, seine Reichweite und seine Ressourcen zu erweitern, so dass er sich auf die Neudefinition von Automobilstandards konzentrieren konnte.

Am 23. Dezember 1904 unterzeichneten Rolls und Royce einen Vertrag über die Produktion einer Reihe hochwertiger Automobile, die den Namen Rolls-Royce tragen sollten. Diese Partnerschaft basiert auf einem gemeinsamen Ethos von kompromissloser Qualität, Zuverlässigkeit und technischer Perfektion. Es war diese grundlegende Philosophie, die nicht nur ihre Unternehmungen prägte, sondern auch die Voraussetzungen dafür schuf, dass Rolls-Royce zum Synonym für automobile Exzellenz wurde.

Ihre Zusammenarbeit begann mit dem Rolls-Royce 10 HP, der im Royce-Werk in Manchester produziert wurde. Dieses erste Auto verkörperte ihre Hingabe an die Handwerkskunst und markierte den Beginn eines neuen Standards in der Automobilindustrie – ein Vermächtnis von Luxus und Ingenieurskunst, das bis heute anhält. Durch ihre gemeinsame Vision haben Rolls und Royce nicht nur Autos entwickelt. Sie schufen ein bleibendes Symbol für technische Innovation und Luxus und stellten Fahrzeuge her, die ebenso zuverlässig wie raffiniert waren.

Der erste Rolls-Royce: Der 10 PS

Die Enthüllung des Rolls-Royce 10 PS auf dem Pariser Salon im Dezember 1904 war ein entscheidender Moment in der Automobilgeschichte und stellte die Weichen für einen der berühmtesten Namen auf dem Markt für Luxusautos. Dieses bahnbrechende Modell wurde in der Fabrik von Henry Royce in Manchester gefertigt und verkörperte ein Maß an Handwerkskunst und Liebe zum Detail, das zu dieser Zeit beispiellos war. Angetrieben von einem bescheidenen, aber effektiven Zweizylindermotor, wurde der 10 PS entwickelt, um ein sanftes und zuverlässiges Fahrerlebnis zu bieten, das sich stark von den rudimentäreren Autos des frühen 20. Jahrhunderts abhob.

Das Besondere an den 10 PS war seine Produktionsmenge; Nur 16 Exemplare wurden jemals hergestellt. Diese Rarität unterstrich die Exklusivität und den maßgeschneiderten Charakter der Rolls-Royce-Fahrzeuge, Eigenschaften, die die Identität der Marke definieren sollten. Jedes

Fahrzeug wurde sorgfältig zusammengebaut, um sicherzustellen, dass jede Komponente den hohen Standards von Royce entsprach – eine Praxis, die in einer Zeit, in der die Massenproduktion zur Norm wurde, relativ selten war. Dieser Ansatz garantierte nicht nur höchste Qualität, sondern steigerte auch das gesamte Besitzerlebnis – ein Markenzeichen, für das Rolls-Royce berühmt werden sollte.

Die technische Exzellenz des 10 PS war ein Präzedenzfall bei Rolls-Royce selbst. Auf seine Einführung folgten schnell fortschrittlichere Modelle – die 15 PS, 20 PS und schließlich die 30 PS. Jedes dieser Fahrzeuge baut auf den Grundlagen der 10 PS auf und bietet Verbesserungen in Bezug auf Leistung, Leistung und Luxus. Die inkrementellen Verbesserungen dieser frühen Modelle waren von entscheidender Bedeutung, da sie das Engagement von Rolls-Royce für kontinuierliche Verbesserung und Innovation zeigten.

Diese ersten Angebote von Rolls-Royce gipfelten in der Entwicklung des Silver Ghost im Jahr 1907, einem Modell, das den Luxusverkehr für Jahrzehnte prägen sollte. Der Silver Ghost war ein Wunderwerk seiner Zeit und verfügte über einen Sechszylindermotor, der für ein außergewöhnlich ruhiges Fahrverhalten sorgte, was ihn in Kombination mit einer beispiellosen Zuverlässigkeit wirklich von der Konkurrenz abhob. Das Vermächtnis des 10 PS als Vorreiter zeigt sich in der

Art und Weise, wie der Silver Ghost wahrgenommen und aufgenommen wurde. Er verkörperte nicht nur die fortschrittlichen Konstruktionsprinzipien, die mit dem 10 PS eingeführt wurden, sondern spiegelte auch Royces obsessive Liebe zum Detail und sein unermüdliches Streben nach Perfektion wider.

Im Grunde war der Rolls-Royce 10 PS mehr als nur ein Auto. Es war der Ursprung einer Philosophie, dass das Beste kaum gut genug ist, eine Denkweise, die Rolls-Royce zu weltweitem Ruhm verhalf und seinen Status als Symbol für automobile Exzellenz festigte. So selten sie auch sind, die wenigen verbliebenen 10-PS-Modelle stehen als Monumente für die Anfänge des Luxusautomobils und verkörpern den Innovationsgeist, der Rolls-Royce bis heute antreibt.

Zum Abschluss dieses Kapitels über die Ursprünge von Rolls-Royce würdigen wir die einzigartige Partnerschaft zwischen Rolls und Royce. Ihre Zusammenarbeit beruhte auf gegenseitigem Respekt für das Fachwissen des jeweils anderen und einer gemeinsamen Vision, die sie dazu brachte, nicht nur Autos, sondern auch rollende Kunstwerke zu schaffen. Dieses Fundament aus Innovation, Exzellenz und Ehrgeiz hat Rolls-Royce in die Annalen der Automobillegende katapultiert und die Voraussetzungen für ein Jahrhundert luxuriöser und technisch überlegener Automobile geschaffen.

Kapitel 3: Pionierjahre (1906-1925)

Technische Innovationen: Das silberne Gespenst

Die Einführung des Rolls-Royce Silver Ghost im Jahr 1907 markierte ein entscheidendes Kapitel in den Annalen der Automobilgeschichte und setzte einen Maßstab für Luxus und Technik, der die Zukunft der High-End-Fahrzeuge neu definieren sollte. Ursprünglich als "40/50 PS" bekannt, erhielt dieses Modell aufgrund seiner gespenstischen Ruhe und des einzigartigen Schimmers seiner silberlackierten Karosserie schnell den Spitznamen "Silver Ghost", ein Beweis für die unauffällige und dennoch fesselnde Präsenz des Autos.

Die Technik hinter dem Silver Ghost war geradezu revolutionär. Er war mit einem robusten Sechszylindermotor mit 7.428 cm³ Hubraum ausgestattet, ein bedeutender Sprung in der Automobiltechnik, der eine beispiellose Mischung aus Leistung, Laufruhe und Geräuschlosigkeit bot. Dieser Motor zeichnete sich nicht nur durch seine Größe aus, sondern auch durch seine Präzisionstechnik, die Vibrationen und Geräusche auf ein Niveau reduzierte, das in Kraftfahrzeugen bisher unerreichbar war. Das Chassis des Fahrzeugs, das aus den besten verfügbaren Materialien gebaut wurde, untermauerte seinen Ruf für unübertroffene Qualität und Zuverlässigkeit.

Was den Silver Ghost jedoch wirklich auszeichnete, war seine Zuverlässigkeit beim Scottish Reliability Run 1907. Diese Veranstaltung war ein zermürbender Härtetest für Kraftfahrzeuge, der über 14.000 Meilen anspruchsvoller Straßen in ganz Schottland zurücklegte. Der Silver Ghost absolvierte den Lauf nicht nur, sondern tat dies auch mit einer solchen Anmut und Zuverlässigkeit, dass er weithin Beifall und Bewunderung hervorrief. Die Leistung des Fahrzeugs war so überragend, dass es während der gesamten Veranstaltung praktisch ununterbrochen lief, eine Leistung, die Rolls-Royce den Ruf festigte, das zu schaffen, was weithin als das "beste Auto der Welt" angesehen wurde.

Bei diesem Zuverlässigkeitslauf ging es nicht nur darum, die Haltbarkeit des Autos unter Beweis zu stellen. es war ein bewusster Versuch von Rolls-Royce, seine technische Überlegenheit zu demonstrieren. Die Fähigkeit des Silver Ghost, einen solch anspruchsvollen Test ohne nennenswerten Verschleiß zu überstehen, unterstreicht das Engagement von Rolls-Royce für Qualität und Präzision in jedem Aspekt seiner Fahrzeuge. Es unterstrich auch die Philosophie des Unternehmens, Autos zu bauen, die nicht nur Luxus und Stil, sondern auch unübertroffene Leistung und Zuverlässigkeit bieten.

Der Erfolg des Silver Ghost prägte nachhaltig das Image und die Marktposition von Rolls-Royce. Es katapultierte die Marke an die Spitze des

Luxusautomobilmarktes, wo sie nicht nur als Automobilhersteller, sondern auch als Lieferant eines exklusiven Automobilerlebnisses wahrgenommen wurde. Der Erfolg des Modells führte zur Produktion zahlreicher Iterationen des Silver Ghost, von denen jede das Erbe des Luxus und der Zuverlässigkeit des Vorgängers verfeinerte und erweiterte.

Während seiner gesamten Produktionszeit wurde der Silver Ghost kontinuierlich durch Verbesserungen in Technik und Design verbessert, was seinen Status als Symbol für automobile Exzellenz sicherte. Sein tiefgreifender Einfluss zeigt sich in späteren Rolls-Royce-Modellen, die sich alle an die hohen Standards des Silver Ghost gehalten haben. Dieses Modell definierte nicht nur das Qualitätsversprechen von Rolls-Royce, sondern setzte auch einen globalen Standard für das, was Luxusautomobile sein sollten. Sein Vermächtnis ist ein Zeugnis für die Vision von Charles Rolls und Henry Royce und ihren anhaltenden Einfluss auf die Welt des Luxustransports.

Rolls-Royce im Ersten Weltkrieg

Der Ausbruch des Ersten Weltkriegs stellte Rolls-Royce, ein Unternehmen, das bereits für seine überlegenen Entwicklungs- und Fertigungskapazitäten im Luxusautomobilsektor bekannt war, vor einzigartige Herausforderungen und Chancen. Die Kriegsjahre waren der Katalysator für eine bedeutende Ausweitung des

Know-hows von Rolls-Royce auf die Luft- und Raumfahrt, ein Bereich, in dem die Auswirkungen tiefgreifend und nachhaltig sein sollten.

Mit der Entwicklung des Rolls-Royce Eagle Triebwerks markierte das Unternehmen den ambitionierten Einstieg in die Luftfahrt. Der 1915 auf den Markt gebrachte Eagle war das erste von Rolls-Royce produzierte Flugzeugtriebwerk und setzte schnell einen neuen Standard für Zuverlässigkeit und Leistung in der militärischen Luftfahrt. Dieser 12-Zylinder-Motor, der beeindruckende 360 PS erzeugen konnte, war ein Wunderwerk der Ingenieurskunst. Es war nicht nur leistungsstark, sondern auch bemerkenswert zuverlässig, Eigenschaften, die für die Kriegsanstrengungen von entscheidender Bedeutung waren, da sich die Rolle der Flugzeuge von der Aufklärung auf Kampf- und Bombeneinsätze ausweitete.

Der Eagle-Motor trieb einige der bedeutendsten Flugzeuge an, die von den Alliierten während des Krieges eingesetzt wurden, darunter die legendären Handley Page Type O-Bomber und die Vickers Vimy, von denen letztere später für den ersten Nonstop-Transatlantikflug im Jahr 1919 berühmt werden sollte. Der Erfolg des Eagle war ein Beweis für die Ingenieurskunst von Rolls-Royce und seine Fähigkeit, die Anforderungen des Krieges mit Innovation und Effizienz zu erfüllen.

Gleichzeitig wurden Rolls-Royce-Automobile in

verschiedenen militärischen Funktionen eingesetzt und dienten als Mannschaftswagen, Krankenwagen und leichte Transportfahrzeuge. Die Anpassungsfähigkeit dieser Fahrzeuge an Kriegsbedingungen war ein kritischer Test für ihre Konstruktion und Konstruktion. Rolls-Royce-Autos waren in Friedenszeiten für ihre Zuverlässigkeit und ihren Luxus bekannt, aber während des Krieges verwandelten sich diese Eigenschaften in taktische Vorteile. Ihre Langlebigkeit unter rauen Bedingungen und in schwierigem Gelände demonstrierte die robuste Technik der Fahrzeuge und stärkte den Ruf der Marke für die Herstellung von Maschinen, die sich unter den anspruchsvollsten Bedingungen auszeichnen.

Die Kriegsjahre spornten Rolls-Royce auch zu schnellen Innovationen an und passten sowohl seine Fahrzeuge als auch seine Motoren an die sich wandelnden Anforderungen des Militärs an. Diese Zeit intensiver Innovation und Produktion befriedigte nicht nur die unmittelbaren Bedürfnisse der Kriegszeit, sondern legte auch eine solide Grundlage für die zukünftigen Bemühungen des Unternehmens sowohl im militärischen als auch im zivilen Sektor. Die Erfahrungen, die bei der Entwicklung von leistungsstarken, zuverlässigen Flugzeugtriebwerken und langlebigen Fahrzeugen gesammelt wurden, beeinflussten die Entwürfe und Strategien von Rolls-Royce in der Nachkriegszeit.

Darüber hinaus festigte der Krieg die Position von

Rolls-Royce als wichtiger Akteur sowohl in der Automobil- als auch in der Luft- und Raumfahrtindustrie. Der Übergang der Marke von Luxusautomobilen zu einem breiteren Fokus, der auch Flugzeugtriebwerke umfasste, demonstrierte ihre Vielseitigkeit und Fähigkeit, einen bedeutenden Beitrag über den zivilen Markt hinaus zu leisten. Diese Expansion war ein Wendepunkt, der Rolls-Royce zu einem weltweit führenden Unternehmen im Luft- und Raumfahrtsektor machte und seine Identität als vielseitiges technisches Kraftpaket prägte.

Die Beteiligung von Rolls-Royce am Ersten Weltkrieg war eine Zeit, die von bedeutendem Wachstum und Wandel geprägt war. Die Fähigkeit des Unternehmens, sich an die Anforderungen des Krieges anzupassen und innovativ zu sein, trug nicht nur zu den Kriegsanstrengungen der Alliierten bei, sondern schuf auch die Voraussetzungen für seinen zukünftigen Erfolg sowohl in der Automobil- als auch in der Luftfahrtindustrie und festigte seinen Ruf für unübertroffene technische Exzellenz und Zuverlässigkeit.

Expansion und Herausforderungen der Nachkriegszeit

Die Nachwirkungen des Ersten Weltkriegs eröffneten Rolls-Royce neue Wege für Wachstum und Anpassung und markierten eine entscheidende Expansionsphase in seiner glanzvollen Geschichte.

Die 1920er Jahre entwickelten sich zu einem Jahrzehnt des Wohlstands und der Herausforderungen, das das Unternehmen durch eine sich entwickelnde Landschaft von Verbraucheranforderungen und wirtschaftlichen Schwankungen steuerte.

In dieser Ära verfeinerte Rolls-Royce sein Flaggschiffmodell, den Silver Ghost, weiter und steigerte seine Leistung und seinen Luxus, um die hohen Erwartungen seiner elitären Kundschaft zu erfüllen. 1925 wurde jedoch der New Phantom eingeführt, der später als Phantom I bekannt wurde. Dieses neue Modell stellte einen bedeutenden Sprung nach vorn in Bezug auf Technik und Komfort dar und verfügte über fortschrittliche Technologien, die neue Maßstäbe für die Luxusautomobilindustrie setzten. Der Phantom I bot eine ruhigere Fahrt, leistungsstärkere Motoroptionen und einen noch stärkeren Fokus auf den Fahrgastkomfort und festigte damit den Ruf von Rolls-Royce als Lieferant der besten Autos der Welt.

Rolls-Royce erkannte das Potenzial des aufstrebenden amerikanischen Marktes für Luxusfahrzeuge und baute seine Produktionsstätten auch international aus. Im Jahr 1921 gründete das Unternehmen eine neue Fabrik in Springfield, Massachusetts, speziell für die Produktion des Silver Ghost. Dieser strategische Schritt erleichterte nicht nur den Zugang zum amerikanischen Markt, sondern markierte auch den Beginn des

Engagements von Rolls-Royce für die globale Expansion. Die Produktion in den Vereinigten Staaten ermöglichte es Rolls-Royce, Importzölle zu umgehen und direkt auf die einzigartigen Präferenzen amerikanischer Kunden einzugehen, was seine Wettbewerbsfähigkeit in Übersee verbesserte.

Das Jahrzehnt verlief jedoch nicht ohne wirtschaftliche Herausforderungen. Der anfängliche Nachkriegsboom wich schließlich einem Abschwung, der zu einer deutlichen Schrumpfung des Marktes für Luxusgüter führte. Als Reaktion darauf bewies Rolls-Royce seine bemerkenswerte Anpassungsfähigkeit durch die Diversifizierung seiner Produktpalette. Die Einführung kleinerer, erschwinglicherer Modelle wie dem 20 HP richtete sich an eine breitere Bevölkerungsgruppe. Diese Fahrzeuge wurden für Besitzer entwickelt, die es vorzogen, selbst zu fahren, anstatt sich auf Chauffeure zu verlassen, was einen Wandel der gesellschaftlichen Normen und den wachsenden Wohlstand der Mittelschicht widerspiegelte. Diese strategische Diversifizierung half Rolls-Royce, seine hohen Qualitäts- und Handwerksstandards beizubehalten und gleichzeitig ein breiteres Publikum anzusprechen.

Die Zeit nach dem Ersten Weltkrieg war für Rolls-Royce von entscheidender Bedeutung, da das Unternehmen bedeutende globale Veränderungen durchlebte. Das Unternehmen hat es nicht nur geschafft, seinen Ruf für unübertroffenen Luxus und Zuverlässigkeit zu festigen, sondern auch eine ausgeprägte Widerstandsfähigkeit und Innovationsfähigkeit unter Beweis gestellt. Die in diesen Jahren verfolgten Strategien – die Expansion in neue Märkte, die Anpassung an die wirtschaftlichen Bedingungen und die Diversifizierung der Produktpalette – verdeutlichten das Engagement von Rolls-Royce für seine Kernphilosophien und seine Fähigkeit, dynamisch auf externen Druck zu reagieren.

Diese Pionierjahre legten ein solides Fundament für Rolls-Royce, führten das Unternehmen durch die folgenden Jahrzehnte des Erfolgs und setzten Maßstäbe für Spitzenleistungen, die die globale Automobilindustrie beeinflussen sollten. Diese Ära bestätigte den Status von Rolls-Royce als Symbol für Luxus und technologische Überlegenheit und bereitete die Bühne für sein bleibendes Vermächtnis in den Annalen der Automobilgeschichte.

Kapitel 4: Die Zwischenkriegszeit (1925-1939)

Phantom-Serie: Luxus und Leistung vorantreiben

Die Einführung der Rolls-Royce Phantom-Serie im Jahr 1925 läutete einen neuen Maßstab für Luxusautos ein, der auf dem geschichtsträchtigen Erbe des Silver Ghost mit fortschrittlicher Technik und beispielloser Raffinesse aufbaute. Die Phantom-Serie setzte nicht nur das Vermächtnis von Rolls-Royce fort, die führenden Luxusautomobile der Welt zu bauen, sondern sprengte auch die Grenzen dessen, was in einem Auto technisch und ästhetisch möglich war.

Phantom I: Ein neuer Maßstab in Sachen Luxus

Der Rolls-Royce Phantom I wurde 1925 vorgestellt und war ein Beweis für das unermüdliche Streben der Marke, die bereits hohen Standards seines Vorgängers, des Silver Ghost, zu übertreffen. Der Phantom I war nicht nur eine Verbesserung, sondern eine Neudefinition des Luxusautos und verkörperte Fortschritte in der Automobiltechnologie, die ihn zu seiner Zeit an der Spitze der Branche positionierten.

Der Phantom I wurde von einem neuen, mit Stößel betätigten obenliegenden Ventilmotor angetrieben, eine Abkehr von den damals üblichen Seitenventilkonfigurationen. Dieser Motor war ein Wunderwerk der Ingenieurskunst, der eine höhere Effizienz und Leistung bot und somit eine ruhigere und robustere Leistung bot. Die erhöhte Leistungsabgabe schlug sich nicht in Härte nieder; Vielmehr lief das Auto so geschmeidig, dass es einen neuen Maßstab dafür setzte, wie sich Luxusleistung anfühlen kann. Das Design dieses Motors ermöglichte einen leiseren Betrieb und geringere Vibrationen, was den Phantom I zu einem der ruhigsten Autos seiner Zeit machte.

Neben mechanischen Fortschritten konnte der Phantom I den Fahrkomfort deutlich verbessern. Er verfügte über ein ausgeklügeltes Federungssystem, das seiner Zeit voraus war und in der Lage war, Straßenunebenheiten mit beispielloser Effizienz zu absorbieren. Das Ergebnis war ein Fahrgefühl, das so raffiniert und geschmeidig war, dass es sich anfühlte, als würde man nahtlos über die Straßen gleiten, unabhängig vom Gelände. Dieses Maß an Komfort war entscheidend für die Kunden von Rolls-Royce, die nicht nur Luxus erwarteten, sondern auch ein ruhiges Reiseerlebnis, das sie von den Unannehmlichkeiten des Reisens isolierte.

Das Interieur des Phantom I war eine Enklave der Opulenz und akribischen Handwerkskunst. Die Verwendung von feinem Leder, das aufgrund seiner Textur und Haltbarkeit ausgewählt wurde, schuf ein haptisches Erlebnis, das sowohl luxuriös als auch beruhigend war. Exotische Holzfurniere wurden aufgrund ihrer Maserung und Figur von Hand ausgewählt und dann geformt und poliert, um Armaturenbretter und Zierleisten zu schaffen, die für sich genommen Kunstwerke waren. Von Hand angebrachte Metallakzente, zu denen auch maßgeschneiderte Armaturen gehörten, wurden auf die ästhetischen Vorlieben jedes Besitzers zugeschnitten und verliehen jedem Phantom I eine persönliche Note, die ihn einzigartig machte.

Die Liebe zum Detail erstreckte sich auf jeden Aspekt des Innenraums des Phantom I. Die Polsternähte wurden mit einer Präzision ausgeführt, die die Hände von Handwerkern widerspiegelte, die Meister ihres Fachs waren. Die Anordnung der Bedienelemente wurde sorgfältig gestaltet, um sowohl intuitiv als auch ästhetisch ansprechend zu sein, um sicherzustellen, dass die Funktionalität den luxuriösen Charme des Fahrzeugs nicht beeinträchtigt. Jedes Element in der Kabine wurde entwickelt, um das sensorische Erlebnis der Insassen zu verbessern, vom sanften Leuchten der Instrumententafelbeleuchtung bis hin zur sanften Haptik der Schaltanlage.

Der Phantom I setzte nicht nur in puncto Mechanik und Fahrkomfort neue Maßstäbe, sondern auch bei der Schaffung eines Innenraumambientes, das seinesgleichen sucht. Es waren diese Qualitäten, die den Ruf des Phantom I als neuen Maßstab in Sachen Luxus festigten. Die Besitzer des Phantom I wurden mit einem Erlebnis verwöhnt, das zu dieser Zeit seinesgleichen suchte, denn es verband modernste Technologie mit handgefertigtem Luxus auf eine Weise, die eindeutig Rolls-Royce war. Dieses Engagement, die Grenzen dessen, was ein Luxusauto sein könnte, zu erweitern, hat dazu beigetragen, den Ruf von Rolls-Royce als führendes Unternehmen im Luxusautomobilsektor zu festigen, ein Status, den die Marke bis heute innehat.

Phantom II: Geschmeidigkeit und Handling verfeinert

Der Rolls-Royce Phantom II wurde 1929 vorgestellt und war ein klarer Beweis für das Engagement des Unternehmens für Innovation und die Fähigkeit, auf die Wünsche seiner anspruchsvollen Kundschaft einzugehen. Da Luxus und Ästhetik die Marke weiterhin definierten, wuchs die Nachfrage nach verbesserter Fahrdynamik, die zum opulenten Design des Fahrzeugs passte. Der Phantom II erfüllte diese Anforderungen mit einer Vielzahl von technologischen und gestalterischen Raffinessen, die neue Maßstäbe im Bereich der Luxusautomobile setzten.

Im Mittelpunkt der Innovation des Phantom II stand das völlig neue Chassis, das eine deutliche Weiterentwicklung gegenüber seinem Vorgänger darstellte. Dieses Chassis wurde entwickelt, um nicht nur ein verbessertes Handling und Stabilität zu bieten, sondern auch ein niedrigeres und schlankeres Karosseriedesign zu ermöglichen. Das Redesign verbesserte die aerodynamische Effizienz des Fahrzeugs und ermöglichte es ihm, sich mit weniger Widerstand durch die Luft zu bewegen, was sowohl seine Leistung als auch seine Kraftstoffeffizienz verbesserte. Das schlankere Profil verlieh dem Phantom II auch ein moderneres und stromlinienförmigeres Aussehen, das sich an den Art-Déco-Einflüssen der Ära orientiert und eine Kundschaft ansprach, die sowohl Leistung als auch ästhetische Raffinesse schätzte.

Der Phantom II rühmte sich auch mit erheblichen Fortschritten in der Fahrwerkstechnologie. Die Rolls-Royce-Ingenieure haben die Fahrwerksabstimmung des Fahrzeugs neu definiert, um die Fahrqualität weiter zu verbessern und sicherzustellen, dass die Laufruhe, die zum Synonym für den Namen Rolls-Royce geworden war, erhalten blieb, auch wenn das Auto eine schärfere Fahrdynamik bot. Diese Verbesserungen ermöglichten es dem Phantom II, ein ebenso komfortables wie fesselndes Fahrerlebnis zu bieten und sicherzustellen, dass die Fahrt immer mühelos reibungslos verlief, egal ob auf engen Straßen in der Stadt oder auf offenen Autobahnen.

Ergänzt wurden diese technischen Verbesserungen durch eine ebenso verfeinerte Herangehensweise an das Interieur- und Exterieur-Design des Fahrzeugs. Der Phantom II verfügte über ein luxuriöses Interieur, das die Tradition von Rolls-

Royce fortsetzte, nur die besten Materialien zu verwenden, darunter maßgeschneidertes Leder, edle Holzfurniere und handgefertigte Metallarbeiten. Die Liebe zum Detail erstreckte sich auch auf das Exterieur, wo jede Linie und jede Kurve sorgfältig entworfen wurde, um Eleganz und Kraft zu vermitteln.

Die Beliebtheit des Phantom II bei Adeligen und wohlhabenden Industriellen beruhte nicht nur auf seiner verbesserten Ästhetik und verbesserten Fahrdynamik. es war auch ein Ergebnis von Rolls-Royces unermüdlichem Streben nach Perfektion. Das Auto wurde zu einem Symbol für Status und Geschmack, das nicht nur für seine technischen Vorzüge, sondern auch als Ikone des luxuriösen Lebensstils bewundert wurde. Der Phantom II war mehr als nur ein Fortbewegungsmittel. Es war eine Errungenschaft und ein unverzichtbares Accessoire für die Elite dieser Ära.

Zusammenfassend lässt sich sagen, dass der Phantom II ein tiefgreifender Ausdruck des Engagements von Rolls-Royce für die Förderung von automobilem Luxus und Leistung war. Durch sein innovatives Fahrwerksdesign, die fortschrittliche Fahrwerkstechnologie und die markante Ästhetik erfüllte der Phantom II nicht nur die sich entwickelnden Bedürfnisse seiner elitären Kundschaft, sondern festigte auch die Position von Rolls-Royce an der Spitze des Luxusautomobilmarktes. Der Phantom II war ein klarer Indikator für die Fähigkeit von Rolls-Royce, technische Innovation mit luxuriöser Raffinesse zu verbinden, was ihn zu seiner Zeit zu einem Maßstab für automobile Exzellenz machte.

Phantom III: Die Kraft der V12-Innovation

Die Einführung des Phantom III im Jahr 1936 war ein Wendepunkt für Rolls-Royce, der sein Engagement für bahnbrechende automobile Innovationen unter Beweis stellte und gleichzeitig die steigenden Anforderungen seiner wohlhabenden Kundschaft nach mehr Leistung und einer ruhigeren Fahrt erfüllte. Die Einführung des Phantom III, der mit dem ersten V12-Motor des Unternehmens ausgestattet ist, war eine mutige Antwort auf diese Kundenwünsche und markierte eine bedeutende Entwicklung in der Luxusautolandschaft.

Der V12-Motor stellte für Rolls-Royce einen großen technologischen Fortschritt dar. Die V12-Konfiguration, die für ihre außergewöhnliche Ausgewogenheit und Laufruhe bekannt ist, ermöglichte eine höhere Leistung und ein höheres Drehmoment bei gleichzeitiger Minimierung von Vibrationen und Geräuschen – Faktoren, die im Luxussegment von entscheidender Bedeutung sind. Dieses Triebwerk lieferte nicht nur eine Leistungssteigerung, sondern tat dies auch mit der Eleganz der Bedienung, die Rolls-Royce-Besitzer erwartet hatten. Die verfeinerte Leistungsentfaltung sorgte dafür, dass der Phantom III ein Fahrerlebnis bot, das sowohl berauschend als auch äußerst komfortabel war und das Gefühl vermittelte, dass die Leistung endlos und mühelos zugänglich war.

Zusätzlich zu seinem bemerkenswerten Motor führte der Phantom III ein fortschrittliches Aufhängungssystem ein, das ihn von seinen Vorgängern und Konkurrenten abhob. Dieses System war in der Lage, sich an unterschiedliche Straßenbedingungen anzupassen und so die Fähigkeit des Fahrzeugs zu verbessern, unabhängig vom Gelände eine gleichbleibend ruhige Fahrt zu bieten. Diese Anpassungsfähigkeit wurde durch eine Kombination aus mechanischem Einfallsreichtum und der Verwendung innovativer Materialien bei der Fahrwerksabstimmung erreicht, um sicherzustellen, dass die Fahrqualität nicht durch die erhöhte Leistung des V12-Motors beeinträchtigt wurde.

Das Interieur des Phantom III setzt die Tradition des opulenten Luxus von Rolls-Royce fort, der auf die individuellen Bedürfnisse seiner Kunden zugeschnitten ist. Jeder Aspekt der Kabine, von der handgenähten Lederpolsterung über die exquisit gefertigten Holzfurniere bis hin zu den präzisionsgefertigten Bedienelementen, wurde entworfen, um eine Atmosphäre von exklusivem Luxus zu schaffen. Die Liebe zum Detail erstreckte sich auch auf die Schalldämmung und die taktile Qualität jeder Oberfläche, um sicherzustellen, dass die Passagiere nicht nur stilvoll, sondern auch in einer Umgebung reisen konnten, die Ruhe und Raffinesse verkörpert.

Der Phantom III etablierte sich schnell als eines der prestigeträchtigsten Fahrzeuge seiner Zeit und war nicht nur für seine technischen Fähigkeiten bekannt, sondern auch für seine Verkörperung von Luxusautos in seiner fortschrittlichsten Form. Es war ein Auto, das Staatsoberhäupter, Könige und Prominente der damaligen Zeit ansprach, die von seiner perfekten Mischung aus Leistung, Komfort und Status angezogen wurden.

Im Wesentlichen markierte die Einführung des V12-Motors und seines ausgeklügelten Fahrwerks einen bedeutenden Schritt nach vorn in der Automobilindustrie, insbesondere im Luxussegment. Diese Innovationen festigten nicht nur den Ruf von Rolls-Royce als Marktführer auf diesem Gebiet, sondern trieben auch die gesamte Branche zu höheren Standards für Fahrzeugleistung und -komfort. Der Phantom III war nicht nur ein Auto; Es war ein Statement für Luxus, Innovation und technische Exzellenz und sicherte sich seinen Platz in den Annalen der Automobilgeschichte als Symbol für höchste Luxusleistung.

Ein Vermächtnis von Luxus und Innovation

In der Zwischenkriegszeit spiegelte jedes Modell der Phantom-Serie nicht nur das unermüdliche Streben von Rolls-Royce nach Perfektion wider, sondern demonstrierte auch die Fähigkeit der Marke, innovativ zu sein und sich an die Wünsche ihrer anspruchsvollen Kundschaft anzupassen. Die Phantom-Serie wurde zum ultimativen Luxusautomobil für Könige, Prominente und Wirtschaftsmagnaten auf der ganzen Welt, die nicht nur für ihre beeindruckende Technik und Leistung, sondern auch für ihre unvergleichliche Eleganz und ihr Prestige bewundert wurden.

Im Wesentlichen ging es bei der Phantom-Serie nicht nur darum, Luxus und Macht voranzutreiben; Es ging darum, neue Maßstäbe zu setzen und zu definieren, was ein Luxusauto sein sollte. Rolls-Royces Engagement für Innovation und Exzellenz in der Phantom-Baureihe legte den Grundstein für seinen anhaltenden Erfolg und beeinflusste die Automobilindustrie auch in den kommenden Jahrzehnten.

Beiträge zur Luftfahrt: Der R-Motor

In der Zwischenkriegszeit festigte Rolls-Royce nicht nur seinen Ruf im Luxusautomobilbau, sondern machte auch entscheidende Fortschritte in der Luftfahrt und markierte den Beginn seines langjährigen Einflusses in der Luft- und Raumfahrt. Ein bedeutender Höhepunkt dieser Ära war die Entwicklung des R-Motors, eines Kraftpakets, das nicht nur die Ingenieurskunst von Rolls-Royce, sondern auch seine strategische Weitsicht in Bezug auf die Fähigkeiten der Luftfahrttechnologie unter

Beweis stellte.

Das R-Triebwerk wurde ursprünglich für Hochgeschwindigkeitsflugwettbewerbe entwickelt, insbesondere für die Schneider Trophy – ein prestigeträchtiges internationales Luftrennen, bei dem es darum ging, die Geschwindigkeit und Agilität von Wasserflugzeugen zu verbessern. Im Jahr 1931 war dieser Motor maßgeblich am Antrieb der Supermarine S.6B beteiligt, einem Wasserflugzeug, das mit seiner unvergleichlichen Leistung den Sieg bei der Schneider Trophy errang. Der R-Motor zeichnete sich durch eine außergewöhnliche Leistung und Zuverlässigkeit aus, Attribute, die entscheidend für den Sieg des Rennens und das Aufstellen neuer Geschwindigkeitsrekorde in der Luftfahrt waren.

Der Erfolg des R-Motors in der Wettkampfluftfahrt war nicht nur ein Triumph der Geschwindigkeit; Es war ein Schaufenster technologischer Innovationen, die die Grenzen des Möglichen in der Motorleistung verschoben haben. Mit seinen fortschrittlichen Aufladetechniken und seinem verfeinerten Design war der R-Motor in der Lage, deutlich mehr Leistung als seine Vorgänger zu erbringen und gleichzeitig die Zuverlässigkeit unter extremen Bedingungen zu gewährleisten. Dieser Durchbruch in der Technik war ein Beweis für das Engagement von Rolls-Royce für Exzellenz und Innovation, Eigenschaften, die tief in der Unternehmenskultur verankert waren.

Das Vermächtnis des R-Motors endete nicht mit der Schneider Trophy. Sein Design und seine technologischen Fortschritte legten den Grundstein für die Entwicklung des Merlin-Motors, der bald zu einem der berühmtesten und wichtigsten Motoren während des Zweiten Weltkriegs werden sollte. Der Merlin-Motor, eine Weiterentwicklung des R-Motors, behielt viele seiner Kerneigenschaften bei, wurde aber weiter verbessert, um den strengen Anforderungen der Kriegsluftfahrt gerecht zu werden. Sie trieb einige der berühmtesten Flugzeuge des Zweiten Weltkriegs an, darunter die Spitfire und die Hurricane, die maßgeblich an den Kriegsanstrengungen der Alliierten beteiligt waren.

Die Beiträge von Rolls-Royce zur Luftfahrt in dieser Zeit sind ein Beispiel dafür, wie Fortschritte in einem Bereich einem anderen synergetisch zugute kommen können. Die für das R-Triebwerk entwickelte Technologie revolutionierte nicht nur die Wettbewerbsluftfahrt, sondern hatte auch tiefgreifende Auswirkungen auf die militärische Luftfahrt und demonstrierte die doppelte Expertise des Unternehmens sowohl im Automobil- als auch im Luft- und Raumfahrtsektor. Der Erfolg dieser Flugzeugtriebwerke trug dazu bei, Rolls-Royce als wichtigen Akteur in der Luft- und Raumfahrtindustrie zu etablieren, ein Status, der in den folgenden Jahrzehnten weiter ausgebaut und vertieft werden sollte.

Diese Ära der Innovation unterstreicht das

umfassende Engagement von Rolls-Royce, die Grenzen von Technik und Technologie zu erweitern. Durch die erfolgreiche Anwendung und Anpassung von Prinzipien der Automobiltechnik zur Lösung komplexer Herausforderungen in der Luftfahrt hat Rolls-Royce nicht nur neue Maßstäbe in Bezug auf Leistung und Zuverlässigkeit gesetzt, sondern auch seinen Ruf als Marktführer in beiden Bereichen gefestigt. Die Entwicklung des R-Motors und seiner Derivate demonstrierte den visionären Technologieansatz des Unternehmens und bewies, dass sein technisches Know-how in der Luft genauso effektiv war wie auf der Straße.

Die Weltwirtschaftskrise und ihre Auswirkungen

Die Große Depression der 1930er Jahre war eine globale Wirtschaftskrise, die nur wenige Branchen unberührt ließ, und der Luxusautomobilsektor stand vor seinen ganz eigenen Herausforderungen. Rolls-Royce, bekannt für seine High-End-Luxusfahrzeuge, stieß auf erhebliche Hindernisse, als die Nachfrage nach extravaganten Waren einbrach. Die Antwort des Unternehmens auf diese Herausforderungen zeigte jedoch seine Widerstandsfähigkeit und Fähigkeit, sich an sich ändernde wirtschaftliche Bedingungen anzupassen, ohne die Essenz dessen zu beeinträchtigen, was es zu einem Symbol für Luxus und Exzellenz machte.

Rolls-Royce erkannte die Notwendigkeit, einen

breiteren Markt zu bedienen und gleichzeitig den prestigeträchtigen Ruf der Marke zu wahren, und führte innovative, kleinere, erschwinglichere Modelle ein. Der Rolls-Royce 20/25 HP, der in dieser Zeit auf den Markt kam, wurde entwickelt, um die hohen Qualitäts- und Luxusstandards der Marke beizubehalten, jedoch in einem kompakteren und sparsameren Paket. Dieses Modell sprach ein Marktsegment an, das immer noch an Qualitätsfahrzeugen interessiert war, aber ein Fahrzeug benötigte, das weniger kostspielig in der Anschaffung und im Betrieb war. Die 20/25 PS waren besonders für Kunden geeignet, die es vorzogen, selbst zu fahren, was einen Wandel in den gesellschaftlichen Normen widerspiegelte, bei dem der Einsatz von Chauffeuren unter Autobesitzern immer seltener wurde.

Nach dem Erfolg der 20/25 PS führte Rolls-Royce die 25/30 PS ein. Dieses Modell setzte den Trend fort, Fahrzeuge anzubieten, die sowohl zugänglich als auch luxuriös waren, und steigerte die Attraktivität des Unternehmens in einer Zeit, in der viele Verbraucher den Gürtel enger schnallten. Diese Fahrzeuge waren entscheidend für die Aufrechterhaltung des Betriebs des Unternehmens während des Abschwungs, da sie eine praktikable Option für Personen darstellten, die das Prestige der Marke Rolls-Royce schätzten, aber eine unaufdringlichere Form von Luxus wünschten.

Neben der Anpassung der Fahrzeugpalette baute

Rolls-Royce während der Weltwirtschaftskrise auch seine globale Präsenz aus. Das Unternehmen baute ein umfangreicheres Händlernetz in Europa, Nordamerika und in den aufstrebenden Märkten des Nahen Ostens und Asiens auf. Diese Expansion war strategisch, um die Marktbasis des Unternehmens zu diversifizieren und die Abhängigkeit von einer einzelnen Region in wirtschaftlich turbulenten Zeiten zu verringern. Die Gründung dieser neuen Händler machte Rolls-Royce-Fahrzeuge nicht nur für eine globale Kundschaft zugänglicher, sondern stärkte auch das Engagement der Marke für außergewöhnlichen Kundenservice und Support, unabhängig vom geografischen Standort.

Das unerschütterliche Engagement der Marke für Qualität und Kundenservice während der Großen Depression trug dazu bei, ihren Ruf und ihre Verkäufe aufrechtzuerhalten. Trotz der wirtschaftlichen Schwierigkeiten dieser Ära nutzte Rolls-Royce das Gütesiegel seines Namens, der weiterhin den Gipfel des automobilen Luxus und der technischen Exzellenz symbolisierte. Diese Strategie hielt die Marke nicht nur relevant, sondern sorgte auch dafür, dass sie eine wünschenswerte Wahl für diejenigen blieb, die es sich leisten konnten, ein Luxusauto zu kaufen.

Durch seine strategische Produktdiversifizierung und globale Expansion bewies Rolls-Royce angesichts der Weltwirtschaftskrise eine bemerkenswerte Widerstandsfähigkeit und Anpassungsfähigkeit. Durch kontinuierliche Innovationen und die Anpassung seiner Geschäftsstrategien als Reaktion auf den externen wirtschaftlichen Druck gelang es Rolls-Royce, nicht nur zu überleben, sondern auch den Grundstein für künftiges Wachstum zu legen, sobald sich die Weltwirtschaft zu erholen begann. Diese Zeit unterstreicht die Fähigkeit des Unternehmens, durch wirtschaftliche Umwälzungen zu navigieren und gleichzeitig seinen Kernwerten Luxus, Qualität und Exzellenz treu zu bleiben.

Innovation als Antwort auf die Krise

In der Zwischenkriegszeit stand Rolls-Royce vor der gewaltigen Aufgabe, sich in einer Welt zurechtzufinden, die von wirtschaftlichen Turbulenzen und rasanten technologischen Fortschritten geprägt war. Diese Ära, eingeklemmt zwischen zwei globalen Konflikten, war von wirtschaftlicher Instabilität geprägt, die das Gefüge der Luxusmärkte selbst in Frage stellte. Doch gerade in diesen turbulenten Zeiten bekräftigte Rolls-Royce nicht nur sein Streben nach Exzellenz, sondern bewies auch eine bemerkenswerte Innovationsfähigkeit, die seine Zukunft sowohl in der Automobil- als auch in der Luft- und Raumfahrtindustrie entscheidend prägen sollte.

Als die globalen Bedingungen schwankten, war die Reaktion von Rolls-Royce durch einen strategischen

Schwenk hin zu technologischer Innovation und Anpassung gekennzeichnet. Das Unternehmen investierte stark in Forschung und Entwicklung, was zu bahnbrechenden Motoren führte, die seinen Ruf sowohl im Luxusautomobil als auch in der Luftfahrt festigen sollten. In dieser Zeit wurden ikonische Motoren wie der R-Motor entwickelt, der neue Maßstäbe für Geschwindigkeit und Effizienz in der Luftfahrt setzte, und später entwickelte sich der Merlin-Motor, der zu einem der berühmtesten Motoren des Zweiten Weltkriegs werden sollte.

Im Automobilsektor reagierte Rolls-Royce auf den wirtschaftlichen Druck der Weltwirtschaftskrise mit einer Diversifizierung seiner Produktpalette. Das Unternehmen war sich bewusst, dass die Nachfrage nach ultraluxuriösen Fahrzeugen während des wirtschaftlichen Abschwungs nachlassen könnte, und führte zugänglichere Modelle wie den 20/25 PS ein. Diese Fahrzeuge wurden entwickelt, um die hohen Standards in Bezug auf Handwerkskunst und Leistung zu erfüllen, die von Rolls-Royce erwartet werden, waren aber besser für die sich entwickelnden Bedürfnisse einer breiteren Kundschaft geeignet. Diese strategische Diversifizierung ermöglichte es dem Unternehmen, seine Marktpräsenz aufrechtzuerhalten und seine Tradition des Luxus auch unter ungünstigeren wirtschaftlichen Bedingungen fortzusetzen.

Darüber hinaus beschränkten sich die Innovationen von Rolls-Royce nicht nur auf die

Produktentwicklung. Das Unternehmen verfeinerte auch seine Herstellungsprozesse und erweiterte seine globale Präsenz. Der Aufbau stärkerer internationaler Händlernetze war Teil einer umfassenderen Strategie zur Minderung der Risiken, die mit der wirtschaftlichen Volatilität in einem einzelnen Markt verbunden sind. Auf diese Weise stellte Rolls-Royce sicher, dass sein globaler Kundenstamm weiterhin gut bedient wurde, und erweiterte seine Markenreichweite, was für die Aufrechterhaltung der Verkäufe und den Aufbau von Markentreue in neuen Märkten von entscheidender Bedeutung war.

Die Zwischenkriegszeit war auch eine Zeit, in der Rolls-Royce sein Engagement für die breiteren Narrative des technologischen Fortschritts im Transportwesen vertiefte. Durch die kontinuierliche Verschiebung der Grenzen des Machbaren in der Automobil- und Luftfahrttechnik hat Rolls-Royce nicht nur auf globale Veränderungen reagiert, sondern die Zukunft dieser Industrien aktiv mitgestaltet. Die in dieser Zeit gemachten Technologiesprünge legten eine Grundlage, die sich im bevorstehenden globalen Konflikt als unverzichtbar erweisen sollte, in dem insbesondere die Zuverlässigkeit und Leistung der Rolls-Royce-Triebwerke Legendenstatus erlangen sollte.

Zusammenfassend lässt sich sagen, dass die Zwischenkriegszeit maßgeblich dazu beigetragen hat, die Entwicklung von Rolls-Royce als führendes

Unternehmen in den Bereichen Luxus und Technologie zu definieren. Der proaktive Innovationsansatz als Reaktion auf Krisen sicherte nicht nur das Überleben, sondern festigte auch seine Vorreiterrolle. Indem Rolls-Royce neue Maßstäbe in Bezug auf Luxus und Leistung setzte, bewahrte er nicht nur sein Vermächtnis. Es wurde erweitert und ebnete den Weg für zukünftige Fortschritte, die das Unternehmen weiterhin auf dem Luxusmarkt auszeichnen sollten. Diese Ära der Herausforderungen verwandelte sich in eine Epoche der Möglichkeiten, die das anhaltende Ethos von Rolls-Royce unterstreicht, unter allen Umständen nach Exzellenz zu streben.

Kapitel 5: Die Kriegsjahre (1939-1945)

Fertigung für die Verteidigung: Merlin Engines

Als der Zweite Weltkrieg begann, seine langen Schatten über Europa zu werfen, war Rolls-Royce erneut bereit, eine zentrale Rolle in den Kriegsanstrengungen zu spielen und sein tiefgreifendes technisches Know-how zu nutzen, um den Anforderungen der Kriegsluftfahrt gerecht zu werden. Der Merlin-Motor, der aus dem legendären R-Motor hervorgegangen war, der ursprünglich für die Schneider Trophy entwickelt worden war, sollte zu einem der berühmtesten Flugzeugmotoren der Geschichte werden und eine entscheidende Rolle beim Sieg der Alliierten spielen.

Der Weg des Merlin-Motors begann in den späten 1930er Jahren, als die geopolitischen Spannungen eskalierten. Rolls-Royce erkannte den unmittelbaren Bedarf an robuster militärischer Ausrüstung und konzentrierte sich strategisch auf die Optimierung des Merlin für die Massenproduktion in Kriegszeiten. Dieses Triebwerk trieb eine Reihe von Flugzeugen an, aber es ist am bekanntesten mit den Supermarine Spitfire und Hawker Hurricane Jägern, Flugzeugen, die in der Luftschlacht um England eine entscheidende Rolle spielten. Ihre außergewöhnliche Leistung im Kampf war vor allem auf die überlegene Kraft, Zuverlässigkeit und Anpassungsfähigkeit der

Merlin zurückzuführen – Eigenschaften, die während der intensiven Luftgefechte über dem Himmel Großbritanniens von entscheidender Bedeutung waren.

Das Design des Merlin enthielt fortschrittliche Supercharger-Technologien, die es ihm ermöglichten, in verschiedenen Höhen mit minimalem Leistungsverlust zu arbeiten, ein entscheidender Vorteil bei Luftkämpfen und Bombenangriffen. Diese Fähigkeit erhöhte nicht nur die Einsatzflexibilität der Flugzeuge, sondern verschaffte den alliierten Piloten auch einen erheblichen taktischen Vorteil im Kampf. Die Zuverlässigkeit und Leistung des Motors wurden während des Krieges kontinuierlich verbessert, wobei die Rolls-Royce-Ingenieure unermüdlich an der Konstruktion arbeiteten, um jedes Quäntchen Leistung herauszuholen.

Die Produktion des Merlin-Motors wurde drastisch ausgeweitet, um den Erfordernissen des Krieges gerecht zu werden, wobei Produktionslinien nicht nur in Großbritannien, sondern auch in den Vereinigten Staaten und Kanada eingerichtet wurden. Die Ausbreitung von Produktionsstätten war ein strategischer Schachzug, um das Risiko einer Lähmung der Produktion durch Bombenangriffe zu verringern. Diese Dezentralisierung sicherte eine stetige Versorgung mit diesen wichtigen Motoren, die sich bis zum Ende des Krieges auf über 150.000 produzierte Einheiten beliefen.

Das Engagement von Rolls-Royce für Präzisionstechnik und hochwertige Fertigung in dieser kritischen Zeit sorgte dafür, dass die Merlin-Motoren nicht nur leistungsstark, sondern auch außergewöhnlich zuverlässig waren. Die strengen Testprotokolle und die akribische Liebe zum Detail des Unternehmens bedeuteten, dass jeder Motor strenge Qualitätsstandards erfüllte, bevor er im Feld eingesetzt wurde. Diese Zuverlässigkeit machte die Merlin zu einem Favoriten unter Piloten, die oft mit Vertrauen in die Schlacht fliegen konnten.

Darüber hinaus ging der Einfluss des Merlin-Motors über die unmittelbaren taktischen Erfolge des Zweiten Weltkriegs hinaus. Seine Entwicklung trieb Fortschritte in der Luftfahrttechnik voran, die zukünftige Generationen der militärischen und zivilen Luftfahrt beeinflussen sollten. Die gewonnenen Erkenntnisse aus der Optimierung des Merlin für verschiedene Kampfszenarien ermöglichten Innovationen im Düsenantrieb und legten den Grundstein für die Nachkriegszeit des Luftverkehrs.

Im Wesentlichen sind die Herstellung und kontinuierliche Weiterentwicklung des Merlin-Triebwerks während des Zweiten Weltkriegs ein Beispiel für die Fähigkeit von Rolls-Royce, auf globale Krisen mit Innovation und Widerstandsfähigkeit zu reagieren. Die

Bemühungen des Unternehmens während des Krieges unterstrichen nicht nur sein Engagement für die Unterstützung der alliierten Streitkräfte, sondern festigten auch seinen Ruf als weltweit führendes Unternehmen in der Luft- und Raumfahrttechnik, ein Vermächtnis, das seine Beiträge sowohl zur Verteidigung als auch zur kommerziellen Luftfahrt für die kommenden Jahrzehnte definieren sollte.

Rolls-Royce und der Luftkrieg

Während des Zweiten Weltkriegs spielte Rolls-Royce eine entscheidende Rolle bei der Gestaltung der Dynamik des Luftkriegs und erweiterte seine technischen Fähigkeiten über das berühmte Merlin-Triebwerk hinaus, um zusätzliche hochwirksame Luftfahrttechnologien zu entwickeln und zu unterstützen. Einer der bemerkenswerten Fortschritte war die Entwicklung des Griffon-Motors, der einen bedeutenden Sprung in Leistung und Fähigkeiten darstellte und dazu beitrug, die Luftüberlegenheit der alliierten Streitkräfte auf verschiedenen Kriegsschauplätzen aufrechtzuerhalten.

Der Griffon-Motor, der später im Krieg entwickelt wurde, war ein leistungsstärkerer Nachfolger des Merlin und wurde entwickelt, um den sich entwickelnden Anforderungen des Kampfes gerecht zu werden. Es trieb unter anderem spätere Versionen der legendären Spitfire an und ermöglichte es diesen Maschinen, eine höhere Geschwindigkeit und verbesserte Leistung in größeren Höhen zu erreichen. Die höhere Leistung des Griffon-Motors ermöglichte schnellere Steigflüge und höhere Geschwindigkeiten, was im Luftkampf und bei der Durchführung von Aufklärungsmissionen über feindlichem Territorium entscheidende Vorteile darstellte.

Die Fähigkeit von Rolls-Royce, diese hochwertigen Triebwerke in großen Stückzahlen zu produzieren, war ein Eckpfeiler der alliierten Luftstrategie. Die Produktionsanlagen des Unternehmens, die durch robuste Produktionsprozesse und strenge Qualitätskontrollen ergänzt wurden, gewährleisteten eine zuverlässige Versorgung mit Motoren. Diese Produktionskapazität war nicht nur entscheidend, um mit der schieren Nachfrage nach Militärflugzeugen Schritt zu halten, sondern auch, um einen schnellen, weit verbreiteten Einsatz von Fortschritten zu ermöglichen, die sich unmittelbar auf das Ergebnis von Luftkämpfen auswirken könnten.

Neben der Entwicklung und Herstellung von Triebwerken leistete Rolls-Royce auch umfangreiche Reparatur- und Wartungsarbeiten zum Luftkrieg. Rolls-Royce erkannte die Bedeutung der Zuverlässigkeit und Leistung von Triebwerken und entsandte Teams von qualifizierten Ingenieuren direkt an die Front. Diese Ingenieure waren auf Flugplätzen und in Kampfgebieten stationiert, wo sie unter extrem schwierigen Bedingungen wichtige Wartungs- und Reparaturarbeiten durchführten. Ihre Anwesenheit sorgte dafür, dass die Ausfallzeiten der Flugzeuge minimiert wurden und sich die Piloten bei Missionen, bei denen es oft um Leben und Tod ging, auf die Leistung ihrer Triebwerke verlassen konnten.

Diese Außendiensttechniker leisteten nicht nur wichtige Wartungsleistungen, sondern gaben auch wertvolles Feedback und betriebliche Erkenntnisse an die technischen Abteilungen von Rolls-Royce weiter. Diese direkte Verbindung von der Front zu den Produktionsstätten ermöglichte kontinuierliche Verbesserungen an den Triebwerken und half Rolls-Royce, die Konstruktionen schnell zu iterieren, um alle Zuverlässigkeitsprobleme zu beheben, die während der Kampfeinsätze auftraten.

Darüber hinaus umfasste der umfassende Ansatz von Rolls-Royce zur Unterstützung seiner Triebwerke im Feld Schulungsprogramme für Militärtechniker und Mechaniker. Diese Schulung stellte sicher, dass routinemäßige Wartungsarbeiten von den eigenen technischen Teams der Flugzeugbesatzungen durchgeführt werden konnten, was die Betriebseffizienz des Flugzeugs weiter steigerte und sicherstellte, dass die Triebwerke unter den Strapazen des Krieges optimal funktionierten.

Zusammenfassend lässt sich sagen, dass die Rolle

von Rolls-Royce im Luftkrieg des Zweiten Weltkriegs vielschichtig und entscheidend war. Von der Entwicklung des fortschrittlichen Griffon-Triebwerks bis hin zur Unterstützung am Boden durch seine Ingenieure waren die Bemühungen des Unternehmens entscheidend für die Aufrechterhaltung der Effektivität und Zuverlässigkeit der alliierten Luftflotten. Das Engagement von Rolls-Royce für Innovation, Qualität und Unterstützung an vorderster Front in dieser kritischen Zeit trug nicht nur wesentlich zu den Kriegsanstrengungen der Alliierten bei, sondern stärkte auch seinen Ruf als führendes Unternehmen in der Luft- und Raumfahrttechnologie.

Wiederaufbaustrategie für die Nachkriegszeit

Das Ende des Zweiten Weltkriegs markierte für Rolls-Royce sowohl einen Höhepunkt als auch einen Anfang, da das Unternehmen vor der doppelten Herausforderung stand, von der Kriegsproduktion auf die Märkte in Friedenszeiten umzusteigen und gleichzeitig von den technologischen und fertigungstechnischen Fortschritten zu profitieren, die während des Konflikts erzielt wurden. Diese Zeit erforderte strategische Weitsicht und Anpassungsfähigkeit, Eigenschaften, die Rolls-Royce im Laufe seiner Geschichte unter Beweis gestellt hatte.

Nach dem Ende der Feindseligkeiten stand Rolls-Royce an der Spitze des technologischen Fortschritts und hat sein Know-how und seine Fähigkeiten, insbesondere im Bereich der Luft- und Raumfahrt, erheblich erweitert. Die Herausforderung bestand damals darin, diese Fähigkeiten von militärischen auf zivile Anwendungen zu verlagern, ein Übergang, der für die langfristige Nachhaltigkeit des Unternehmens von entscheidender Bedeutung ist. Rolls-Royce nahm die Produktion von Luxusautomobilen wieder auf, ein Sektor, der während der Kriegsjahre weitgehend geruht hatte, da sich die industriellen Bemühungen auf die Kriegsanstrengungen konzentrierten.

1946 symbolisierte die Einführung des Silver Wraith den Wiedereintritt von Rolls-Royce in den Luxusautomobilmarkt. Dieses Fahrzeug war nicht nur eine Fortsetzung des Vorkriegsluxus, sondern eine Weiterentwicklung, die zahlreiche technologische Fortschritte beinhaltete, die während des Krieges entwickelt wurden. Der Silver Wraith verfügte über ein verbessertes Triebwerk und verfeinerte technische Techniken, wie z. B. verbesserte Aufhängungssysteme und bessere Materialien, die direkte Derivate von Innovationen in der Luft- und Raumfahrt waren. Dieses Modell war ein Beweis für das unerschütterliche Engagement von Rolls-Royce für Luxus und überlegene Technik und spielte eine entscheidende Rolle bei der Wiederherstellung des Ansehens der Marke auf dem Luxusautomobilmarkt der Nachkriegszeit.

Über den Automobilsektor hinaus hat Rolls-Royce seine Rolle im aufstrebenden Bereich der kommerziellen Luftfahrt strategisch ausgebaut. Das Unternehmen nutzte seine umfangreiche Erfahrung in der Herstellung von Hochleistungsflugzeugtriebwerken während des Krieges und begann, diese Technologien für den Markt der kommerziellen Luftfahrt zu adaptieren. Diese Vorausschau wurde durch die Erkenntnis des bevorstehenden Booms des globalen Luftverkehrs vorangetrieben, der eine erhebliche Wachstumschance darstellte.

Die Entwicklung von Rolls-Royce-Triebwerken für Verkehrsflugzeuge wurde zu einem Eckpfeiler der Nachkriegsstrategie. In den frühen 1950er Jahren hatte sich das Unternehmen als führendes Unternehmen in dieser neuen Branche etabliert und produzierte Motoren, die für ihre Zuverlässigkeit und Effizienz bekannt waren. Dieser Schritt war nicht nur eine Expansion, sondern auch eine Diversifizierung, die das Risiko minderte, sich ausschließlich auf den Automobilsektor zu verlassen, und Rolls-Royce als Marktführer in zwei Branchen positionierte.

Darüber hinaus hat Rolls-Royce mit seinem Engagement für Innovation seinen Erfolg in beiden Sektoren weiter vorangetrieben. Das Unternehmen unterhielt ein intensives Forschungs- und

Entwicklungsprogramm, das darauf abzielte, Spitzentechnologie und Materialwissenschaft, die während des Krieges entwickelt wurden, sowohl auf seine Automobil- als auch auf seine Luftfahrtprodukte anzuwenden. Dieses Engagement stellte sicher, dass Rolls-Royce-Produkte technologisch an der Spitze blieben, eine anspruchsvolle Kundschaft ansprachen und Aufträge in wettbewerbsintensiven neuen Märkten erhielten.

Zusammenfassend lässt sich sagen, dass die Nachkriegsjahre für Rolls-Royce eine Zeit der strategischen Neuausrichtung und der kräftigen Expansion waren. Durch die Nutzung seiner Fortschritte während des Krieges, die Wiedererlangung seiner Führungsrolle auf dem Markt für Luxusautos mit Modellen wie dem Silver Wraith und bahnbrechende Entwicklungen in der kommerziellen Luftfahrt erholte sich Rolls-Royce nicht nur vom Krieg, sondern legte auch den Grundstein für nachhaltiges Wachstum und Innovation. Diese strategischen Entscheidungen während der Erholungsphase legten den Grundstein für die zukünftigen Erfolge des Unternehmens und stärkten sein Vermächtnis als Symbol für Exzellenz sowohl in der Automobil- als auch in der Luft- und Raumfahrtindustrie.

Schlussfolgerung

Die Kriegsjahre stellten eine entscheidende Epoche

in der Geschichte von Rolls-Royce dar, die von intensiven Innovationen und dynamischen Produktionsanstrengungen geprägt war, die für den Sieg der Alliierten im Zweiten Weltkrieg entscheidend waren. Die rigorose und effektive Anpassung des Unternehmens an die Anforderungen des Krieges demonstrierte nicht nur seine technischen Fähigkeiten, sondern unterstrich auch seinen strategischen Scharfsinn bei der Navigation in komplexen und sich schnell verändernden technologischen Landschaften. In dieser Zeit ging es nicht nur ums Überleben; Es ging darum, unter Druck zu glänzen, die Grenzen der Technik zu verschieben und die Voraussetzungen für zukünftiges Wachstum zu schaffen.

Die Beiträge von Rolls-Royce in diesen kritischen Jahren gingen weit über die Deckung des unmittelbaren militärischen Bedarfs hinaus. Der Vorstoß des Unternehmens in fortschrittliche Luft- und Raumfahrttechnologien, insbesondere durch die Entwicklung der Merlin- und Griffon-Triebwerke, spielte eine entscheidende Rolle für die Luftüberlegenheit der Alliierten. Diese Triebwerke, die für ihre Zuverlässigkeit, Leistung und technische Überlegenheit bekannt waren, waren ein wesentlicher Bestandteil der Leistung von Kampfflugzeugen, die für strategische Luftangriffe auf verschiedenen Kriegsschauplätzen von entscheidender Bedeutung waren.

Als der Krieg zu Ende ging, stand Rolls-Royce vor

der Herausforderung, von einer Kriegswirtschaft zu einer Friedenswirtschaft überzugehen, ein Prozess, der die Umwidmung seiner immensen technologischen und Fertigungskapazitäten erforderte. Die Fortschritte, die während des Krieges in der Luft- und Raumfahrttechnik gemacht wurden, wurden auf geniale Weise an Friedensanwendungen angepasst, insbesondere im Bereich der Luxusautomobile. Bei diesem Übergang ging es nicht nur darum, die Produktionslinien zu verändern, sondern auch darum, zu überdenken, wie die während des Krieges entwickelten Innovationen genutzt werden könnten, um Luxus und Leistung im Automobilbau neu zu definieren.

In der Nachkriegszeit bekräftigte Rolls-Royce sein Engagement für Luxus mit der Einführung neuer Modelle wie dem Silver Wraith. Diese Fahrzeuge waren nicht nur ein Beweis für das anhaltende Engagement des Unternehmens für Handwerkskunst und Qualität, sondern profitierten auch von den technologischen Verbesserungen, die aus den Innovationen der Kriegszeit hervorgingen. Merkmale wie verbesserte Aufhängungssysteme, bessere Materialien und während des Krieges verfeinerte technische Techniken verbesserten das Fahrerlebnis erheblich und setzten neue Maßstäbe auf dem Markt für Luxusautomobile.

Dieses Kapitel in der Geschichte von Rolls-Royce ist ein überzeugendes Beispiel für die Widerstandsfähigkeit und Anpassungsfähigkeit des

Unternehmens. Unter dem Druck globaler Konflikte hat Rolls-Royce die Herausforderungen nicht nur gemeistert, sondern sie auch als Katalysatoren für Wachstum und Innovation genutzt. Die Fähigkeit des Unternehmens, die während des Krieges gewonnenen Erkenntnisse und Technologien auf seine Operationen in Friedenszeiten anzuwenden, katalysierte seine Entwicklung zu einem weltweit führenden Unternehmen sowohl im Automobil- als auch im Luft- und Raumfahrtsektor. Die Fundamente, die in diesen beeindruckenden Jahren gelegt wurden, halfen dem Unternehmen nicht nur beim Überleben. Sie trieben ihn zu neuen Höhen und ermöglichten es Rolls-Royce, Luxus und Leistung in den folgenden Jahren immer wieder neu zu definieren.

So waren die Kriegsjahre weit davon entfernt, ein bloßes Intermezzo in der Geschichte von Rolls-Royce zu sein, sondern eine Zeit tiefgreifender Veränderungen und Weitblicke, die ein Unternehmen hervorhoben, das unter Druck gedieh und gestärkt daraus hervorging, bereit, sich der Zukunft mit robusten neuen Fähigkeiten und einer erneuerten Vision von Luxus und technologischer Exzellenz zu stellen.

Kapitel 6: Der Nachkriegsboom (1945-1965)

Innovationen im Luxus: Die Silver Dawn und die Silver Cloud

Die Silver Dawn: Neudefinition des Nachkriegsluxus

Im Jahr 1949, als sich die Welt von den Verwüstungen des Zweiten Weltkriegs zu erholen begann, stellte Rolls-Royce ein bahnbrechendes neues Modell vor, das den Markt für Luxusautomobile neu definieren sollte: den Silver Dawn. Dieses Modell war nicht nur als erstes Auto von Rolls-Royce mit einer werkseitig gefertigten Karosserie von Bedeutung, sondern auch als Symbol für die strategische Anpassung des Unternehmens an das wirtschaftliche und soziale Klima der Nachkriegszeit. Die Silver Dawn markierte eine entscheidende Abkehr von Rolls-Royces traditioneller Praxis, nur Fahrgestelle zu verkaufen, die dann von unabhängigen Karosseriebauern mit maßgeschneiderten Karosserien ausgestattet wurden. Diese Änderung spiegelte eine breitere Verschiebung innerhalb der Luxusautomobilindustrie hin zu stärker standardisierten Produktionsmethoden wider, die dazu beitrugen, Herstellungsprozesse zu rationalisieren und Kosten zu senken, wodurch Luxusfahrzeuge einem breiteren Publikum zugänglich wurden.

Die Einführung des Silver Dawn richtete sich an eine wachsende Zahl wohlhabender Käufer, die das Prestige und die Qualität eines Rolls-Royce wünschten, aber es vorzogen, nicht den langwierigen und manchmal umständlichen Prozess des maßgeschneiderten Karosseriebaus zu ertragen. Dieser Schritt hin zu einem standardisierten, aber dennoch luxuriösen Fahrzeug war eine kalkulierte Reaktion auf die sich entwickelnden Marktanforderungen. In der Nachkriegszeit suchten die Käufer nach Luxus, der sowohl zugänglich als auch praktisch war, ohne die langen Wartezeiten, die früher mit maßgeschneiderten Automobilen verbunden waren.

Das Design der Silver Dawn war eine meisterhafte Mischung aus Tradition und Moderne, die die Essenz des geschichtsträchtigen Erbes von Rolls-Royce auf den Punkt brachte und gleichzeitig die praktischen Aspekte einer sich verändernden Welt umfasste. Das Auto zeichnete sich durch elegante Linien und eine raffinierte Ästhetik aus, die weiterhin das Engagement der Marke für Handwerkskunst und Luxus widerspiegelten. Im Innenraum war der Silver Dawn mit den neuesten Fortschritten der damaligen Automobiltechnologie ausgestattet und bot mehr Komfort und verbesserte Leistung. Zu diesen Innovationen gehörten ausgefeiltere Motorkonstruktionen und Fortschritte in der Fahrwerkstechnologie, die für ein sanfteres und reaktionsschnelleres Fahrerlebnis sorgten.

Jede Silver Dawn wurde mit viel Liebe zum Detail gefertigt, um sicherzustellen, dass sie dem langjährigen Ruf der Marke für Exzellenz gerecht wird. Die Innenräume waren luxuriös mit den feinsten Materialien ausgestattet, darunter edle Holzfurniere, Plüschteppiche und prächtige Lederpolsterungen, die allesamt Standardmerkmale waren, die früher individuell angepasst worden wären. Dieser Ansatz hielt nicht nur die hohen Qualitäts- und Luxusstandards von Rolls-Royce aufrecht, sondern sorgte auch für Konsistenz und Zuverlässigkeit in der gesamten Modellpalette.

Die Silver Dawn spielte somit eine entscheidende Rolle bei der Wiederherstellung der Dominanz von Rolls-Royce auf dem Markt für Luxusautos nach dem Zweiten Weltkrieg. Es war mehr als nur ein Auto; Es war ein Statement für Widerstandsfähigkeit und Anpassungsfähigkeit, das zeigte, dass Rolls-Royce innovativ auf neue Herausforderungen und Marktbedingungen reagieren konnte. Durch die Balance zwischen traditionellem Luxus und dem Bedarf an praktischeren und zugänglicheren Fahrzeugen navigierte Rolls-Royce erfolgreich durch die Nachkriegslandschaft und schuf die Voraussetzungen für zukünftiges Wachstum und anhaltendes Prestige in der Automobilwelt. Dieses Modell entsprach nicht nur den sich ändernden

Bedürfnissen und Geschmäckern einer wohlhabenden Nachkriegsgesellschaft, sondern festigte auch die Position von Rolls-Royce als führendes Unternehmen in der Luxusautomobilindustrie, das in der Lage ist, mit der Zeit zu gehen und gleichzeitig sein Engagement für unvergleichliche Qualität und Eleganz beizubehalten.

Die Silver Cloud: Luxus und Leistung voranbringen

Die 1955 von Rolls-Royce vorgestellte Silver Cloud markierte eine bedeutende Entwicklung in der Luxusautomobiltechnik und baute auf dem geschätzten Erbe ihres Vorgängers, der Silver Dawn, auf. Dieses Modell wurde schnell zum Synonym für den Gipfel des automobilen Luxus und setzte neue Maßstäbe für das, was ein Luxusauto bieten kann.

Die Silver Cloud wurde sorgfältig entwickelt, um die Bedürfnisse einer elitären Kundschaft zu erfüllen, die nicht nur traditionellen Luxus, sondern auch fortschrittliche Leistung und modernste technische Funktionen verlangte. Von Anfang an verkörperte die Silver Cloud-Serie eine perfekte Mischung aus klassischer Rolls-Royce-Eleganz und substanziellen technologischen Fortschritten.

Das erste Modell, der Silver Cloud I, war mit einem

robusten 4,9-Liter-Reihensechszylindermotor ausgestattet, der eine außergewöhnliche Balance zwischen Leistung und Laufruhe bot, die zu dieser Zeit ihresgleichen suchte. Dieser Motor, gepaart mit einem verfeinerten Fahrwerksdesign, lieferte ein Fahrerlebnis, das sowohl äußerst komfortabel als auch dynamisch vielen seiner Zeitgenossen überlegen war.

Im Jahr 1959 stellte Rolls-Royce die Silver Cloud II vor, ein Modell, das die Grenzen der automobilen Leistungsfähigkeit erheblich erweiterte. Diese aktualisierte Version verfügte über einen neuen V8-Motor, der die Leistung und Agilität des Fahrzeugs verbesserte, um die Erwartungen seiner anspruchsvollen Kundschaft besser zu erfüllen. Dieses Upgrade war nicht nur eine Reaktion auf die Nachfrage der Verbraucher, sondern auch ein mutiges Statement für das Engagement von Rolls-Royce für Innovationen in der Leistungstechnik.

Abgesehen von den mechanischen Verbesserungen zeigte die Silver Cloud-Serie einen Sprung nach vorne in Design und Ästhetik. Die Fahrzeuge zeichneten sich durch schlanke, moderne Linien aus, die die zeitlose Eleganz von Rolls-Royce beibehielten. Die Integration dieser neuen Designelemente mit fortschrittlicher Automobiltechnologie markierte eine bedeutende Entwicklung im Design von Luxusautos.

Der Silver Cloud war mit verbesserten Federungssystemen ausgestattet, die auch unter anspruchsvolleren Fahrbedingungen für ein ruhigeres Fahrverhalten sorgten. Das Interieur setzte die Tradition der Opulenz von Rolls-Royce fort, mit handgefertigten Materialien, edlem Leder und exquisiten Holzfurnieren, die alle so konfiguriert sind, dass sie unvergleichlichen Komfort und Stil gewährleisten.

Die Kombination aus ästhetischer Schönheit, fortschrittlicher Technik und Leistungsinnovation der Silver Cloud hat den Markt für Luxusautos nachhaltig geprägt. Er sprach nicht nur langjährige Gönner von Rolls-Royce an, sondern zog auch eine neue Generation von Käufern von Luxusautos an und festigte den Status von Rolls-Royce an der Spitze automobiler Exzellenz.

Während ihrer gesamten Produktionszeit hat die Silver Cloud-Serie nicht nur die Standards für Luxusautomobile weiter erhöht, sondern auch den Ruf von Rolls-Royce als führendes Unternehmen bei der Kombination von Luxus und technologischer Kompetenz gefestigt. Diese Modellreihe ist ein Beweis für die Fähigkeit von Rolls-Royce, sich an den Wandel der Zeit anzupassen, indem es modernes Design und fortschrittliche Technologie mit traditionellem Luxus verbindet und so weiterhin die Luxusautomobillandschaft definiert.

Zusammen veranschaulichen der Silver Dawn und der Silver Cloud die Meisterschaft von Rolls-Royce in der Herstellung von Luxusautos in der Nachkriegszeit und zeigten die Fähigkeit der Marke, innovativ zu sein und sich an die sich entwickelnden Wünsche ihrer angesehenen Kundschaft anzupassen. Jedes Modell setzte nicht nur das Vermächtnis der Marke für unvergleichlichen Luxus und Leistung fort, sondern bereitete auch die Voraussetzungen für zukünftige Innovationen, die die Welt des Luxusautos weiterhin definieren sollten.

Globale Expansion: Erschließung neuer Märkte

Während dieser Zeit des Wandels verfolgte Rolls-Royce eine ehrgeizige Strategie, um seine globale Reichweite aggressiv auszubauen, ein Schritt, der durch die Erkenntnis der aufkeimenden Chancen auf den internationalen Märkten vorangetrieben wurde. Das Unternehmen etablierte strategisch weitere Händler in Europa, Amerika und Asien, um die steigende Nachfrage nach Luxusfahrzeugen zu nutzen und seinen wachsenden Ruf als Symbol für Prestige und unvergleichliche Handwerkskunst zu nutzen.

Als Rolls-Royce in neue Gebiete vorstieß, spielte das unerschütterliche Engagement des Unternehmens für Qualität und außergewöhnlichen

Kundenservice eine entscheidende Rolle bei der erfolgreichen Expansion. Rolls-Royce hat erkannt, dass es auf dem Markt für Luxusautomobile nicht nur um das Produkt selbst, sondern auch um das Erlebnis geht, und stellte sicher, dass der Kundenservice an allen Berührungspunkten einwandfrei war. Autohäuser waren nicht nur Orte, an denen Autos verkauft wurden, sondern verwandelten sich in Zentren der Kundenbetreuung, in denen das Besitzerlebnis begann.

Zu diesem hohen Serviceniveau gehörten personalisierte Interaktionen, bei denen potenzielle Käufer ausführlich beraten wurden, um sicherzustellen, dass sich jeder Kunde wertgeschätzt und verstanden fühlte. Rolls-Royce schulte seine Vertriebs- und Servicemitarbeiter umfassend und stattete sie mit dem Wissen und den Fähigkeiten aus, die erforderlich sind, um die hohen Erwartungen an die Marke zu erfüllen. Diese Schulung stellte sicher, dass unabhängig davon, ob sich ein Kunde in London, New York oder Tokio befand, das Serviceniveau und das Fachwissen durchweg hervorragend waren.

Darüber hinaus verstand Rolls-Royce, dass seine Kundschaft nicht nur nach Fahrzeugen suchte, sondern nach Statussymbolen, die mit zugesicherter Unterstützung einhergingen, wohin auch immer sie reisten. Zu diesem Zweck hat das Unternehmen ein weltweites Netzwerk von Servicezentren aufgebaut, die eine zugängliche, zuverlässige Wartung und Unterstützung für seine Fahrzeuge bieten. Dieser strategische Schritt stellte sicher, dass Rolls-Royce-Besitzer ununterbrochen hervorragende Fahrzeugleistung genießen konnten, was die Zufriedenheit und Loyalität der Besitzer erhöhte.

Diese globale Expansionsstrategie erweiterte nicht nur die Marktpräsenz von Rolls-Royce, sondern stärkte auch das Image der Marke als globale Luxusikone. Die strategische Platzierung von Händlern in wichtigen Wirtschaftszentren auf der ganzen Welt erleichterte der Marke das Eindringen in aufstrebende Märkte, in denen wachsender Wohlstand und Ansprüche die Nachfrage nach Luxusmarken ankurbelten. Die Präsenz von Rolls-Royce in diesen dynamischen Märkten festigte auch seinen Status als erschwingliche und prestigeträchtige Luxusmarke, die ein breiteres Publikum ansprach, das Teil eines exklusiven Clubs von Rolls-Royce-Besitzern sein wollte.

Zusammenfassend lässt sich sagen, dass Rolls-Royces Ansatz zur globalen Expansion in dieser Zeit umfassend und sorgfältig umgesetzt wurde. Durch die Gründung weiterer Händler und die Aufrechterhaltung eines hohen Standards im Kundenservice erweiterte Rolls-Royce nicht nur seine geografische Präsenz, sondern vertiefte auch seinen globalen Einfluss. Diese Strategie trug dazu bei, einen starken und loyalen Kundenstamm in verschiedenen Märkten zu sichern, der es Rolls-

Royce ermöglichte, sein Vermächtnis von Luxus und Exzellenz auf globaler Ebene fortzusetzen.

Technologische Entwicklungen: Der V8-Motor

Die späten 1950er Jahre markierten eine Ära des Wandels für Rolls-Royce mit der Einführung des V8-Motors, einer Entwicklung, die die Zukunft des Luxusautomobilangebots des Unternehmens maßgeblich prägen sollte. Diese neue Engine, die ihr Debüt in der Silver Cloud II feierte, war nicht nur ein inkrementelles Update der bestehenden Technologie. Es war ein wesentlicher Sprung nach vorn in der Automobiltechnik. Der V8-Motor wurde entwickelt, um mehr Leistung und sanftere Beschleunigung zu liefern und das gesamte Fahrerlebnis auf eine Weise zu verbessern, die perfekt zu Rolls-Royces anhaltendem Engagement für technologische Innovation und höchste automobile Exzellenz passt.

Die Umstellung auf einen V8-Motor war eine Antwort auf die Anforderungen der anspruchsvollen Kundschaft von Rolls-Royce, die ein immer höheres Maß an Leistung und Komfort verlangte. Die höhere Leistung des Motors ermöglichte eine schnellere Beschleunigung und eine höhere Höchstgeschwindigkeit, wodurch der Silver Cloud II nicht nur in Bezug auf die Leistung leistungsfähiger wurde, sondern auch das leise, kultivierte Fahrverhalten beibehielt, das ein

Markenzeichen von Rolls-Royce-Fahrzeugen war. Die sanftere Beschleunigung des V8-Motors reduzierte den Kraftaufwand beim Fahren des Fahrzeugs und steigerte so den Luxusaspekt des Fahrerlebnisses – die Passagiere konnten auch bei höheren Geschwindigkeiten oder bei schneller Beschleunigung eine ruhige Fahrt genießen.

Darüber hinaus war die Einführung des V8-Motors Teil einer umfassenderen Initiative innerhalb von Rolls-Royce, fortschrittlichere Technologien in seine Fahrzeuge zu integrieren. In diesem Zeitraum wurden auch in anderen wichtigen technischen Bereichen erhebliche Fortschritte erzielt. Das Unternehmen verbesserte die Federungssysteme, die ein besseres Handling und eine ruhigere Fahrt auf unterschiedlichem Gelände ermöglichten, was den Komfort für die Passagiere weiter erhöhte. Fortschritte in der Servolenkungstechnologie machten die Autos leichter zu manövrieren, verringerten die Ermüdung des Fahrers und trugen zum Luxus des Fahrzeugs bei. Darüber hinaus sorgte die Entwicklung von Automatikgetrieben in dieser Zeit für ein nahtloseres und müheloseres Fahrerlebnis, das dem Ethos der Marke entspricht, sowohl Komfort als auch Leistung zu bieten.

Diese technologischen Verbesserungen waren bezeichnend für den strategischen Ansatz von Rolls-Royce bei der Fahrzeugkonstruktion und -entwicklung. Durch die konsequente Verschiebung der Grenzen des technisch Machbaren stellte Rolls-

Royce sicher, dass seine Fahrzeuge an der Spitze des Luxusautomobilmarktes blieben. Die Integration dieser fortschrittlichen Technologien demonstrierte die ganzheitliche Sicht des Unternehmens auf die Fahrzeugleistung, die nicht nur den Motor, sondern jeden Aspekt des Fahrerlebnisses umfasste.

Zusammenfassend lässt sich sagen, dass die Einführung des V8-Motors in den späten 1950er Jahren ein entscheidender Meilenstein für Rolls-Royce war und seinen Status als Innovator im Luxusautomobilsektor festigte. Diese Zeit des technologischen Fortschritts unterstrich die Philosophie des Unternehmens, dass Luxus nicht auf Kosten der Leistung gehen sollte. Durch die kontinuierliche Weiterentwicklung verschiedener Fahrzeugsysteme – vom Antriebsstrang über die Aufhängung bis hin zu den Lenkmechanismen – konnte Rolls-Royce seinen Ruf als Hersteller von Fahrzeugen mit der perfekten Mischung aus Raffinesse, Leistung und technologischer Raffinesse aufrechterhalten und dabei neue Industriestandards setzen.

Kultureller Einfluss und Kultstatus

Als Rolls-Royce seinen Ruf als führender Hersteller von Luxusautos festigte, gingen seine Autos über den bloßen Transport hinaus und wurden zu dauerhaften Symbolen für Reichtum und Erfolg, die tief in der globalen Popkultur verwurzelt sind. Die häufigen Auftritte der Marke in Filmen, Musik und Literatur spiegelten nicht nur ihren Kultstatus wider, sondern trugen auch aktiv zu ihrem kulturellen Gütesiegel bei. Der Besitz eines Rolls-Royce wurde zum Synonym für das Erreichen eines Erfolgs- und Prestigeniveaus, mit dem nur wenige andere Marken mithalten konnten, was ihn zu viel mehr als nur einem Luxusauto machte – er war ein Schlüssel zu einem exklusiven Lebensstil und ein Stück kultureller Ikonographie.

Im Kino waren Rolls-Royce-Fahrzeuge oft die Wahl für Charaktere, die Raffinesse, Reichtum und Macht verkörperten. Die Präsenz eines Rolls-Royce in Filmen ist immer beabsichtigt und bedeutsam und wird von Filmemachern oft verwendet, um eine Szene zu inszenieren oder den Status und Geschmack einer Figur zu definieren. Diese filmische Verwendung hat dazu beigetragen, Rolls-Royce als ultimatives Symbol für Luxus und Exklusivität im öffentlichen Bewusstsein zu verankern. Die Autos sind nicht nur Requisiten, sondern zentrale Elemente, die zur Erzählung beitragen und die ästhetische und thematische Tiefe des Films verstärken.

In ähnlicher Weise tauchen Rolls-Royce-Autos in der Literatur oft an kritischen Punkten der Handlung auf, symbolisieren einen Wendepunkt im Leben einer Figur oder beschwören eine Umgebung von Opulenz und Erhabenheit herauf. Die Erwähnung eines Rolls-Royce in Büchern ist häufig mit dem

Charme der alten Welt und raffiniertem Luxus verbunden und zieht die Leser in eine glamourösere Welt. Diese literarische Darstellung hat dazu beigetragen, das Image der Marke als zeitloses Emblem für Luxus zu festigen.

Der Einfluss von Rolls-Royce erstreckt sich bis in die Musikindustrie, wo er oft in Texten erwähnt wird, die von Erfolg und hohem Leben sprechen. In Genres, die von klassischem Rock bis hin zu modernem Hip-Hop reichen, hebt die Einbeziehung von Rolls-Royce in den Text eines Songs die Themen des Erfolgs und des Elitestatus des Songs sofort hervor. Das Auto symbolisiert die ultimative Leistung und ist zu einem wiederkehrenden Motiv für Künstler geworden, die Botschaften von Triumph und Luxus vermitteln.

Darüber hinaus gilt der Besitz eines Rolls-Royce als bedeutender persönlicher Meilenstein. Es ist nicht nur eine finanzielle, sondern auch eine emotionale Investition, die auf den Höhepunkt jahrelanger harter Arbeit und Erfolgs hindeutet. Das Besitzerlebnis ist geprägt von dem Gefühl, einem exklusiven Club von Menschen beizutreten, die die schönsten Dinge des Lebens zu schätzen wissen – diejenigen, die nicht nur Qualität und Leistung in einem Fahrzeug suchen, sondern auch ein tiefgründiges Statement ihrer persönlichen Leistungen und ästhetischen Werte.

Die Integration von Rolls-Royce in die Popkultur und

sein Kultstatus unter den Luxusgütern sind nicht nur Nebenprodukte seines Marketings, sondern das Ergebnis eines jahrhundertelangen Vermächtnisses von Exzellenz in Handwerkskunst, Design und Innovation. Dieser kulturelle Einfluss stärkt das Image und die Anziehungskraft der Marke und stellt sicher, dass Rolls-Royce in einer sich schnell verändernden Welt ein Synonym für Luxus, Prestige und kulturelle Relevanz bleibt.

Schlussfolgerung

Die Boomjahre der Nachkriegszeit markierten eine transformative Ära für Rolls-Royce, die durch einen Innovationsschub, eine Expansion und eine strategische Weiterentwicklung gekennzeichnet war, die seinen Status als führendes Unternehmen in der Luxusautomobil- und Luft- und Raumfahrtindustrie festigte. In dieser Zeit führte Rolls-Royce nicht nur bahnbrechende Modelle wie Silver Dawn und Silver Cloud ein, sondern erschloss auch erfolgreich neue globale Märkte und setzte die Grenzen der Automobiltechnologie fort. Diese Ära war entscheidend für die Entwicklung des Unternehmens und passte es an die sich verändernde Dynamik einer Welt an, die sich von den Verwüstungen des Krieges erholte.

Die Einführung von Modellen wie Silver Dawn und Silver Cloud in dieser Zeit verdeutlichte das Engagement von Rolls-Royce für Innovation und Luxus. Bei diesen Fahrzeugen handelte es sich nicht nur um Autos; Sie waren Statements für Exzellenz und Ingenieurskunst und verkörperten den Geist von Luxus und Leistung, für den die Marke stand. Die Silver Dawn mit ihrer werkseitig gefertigten Karosserie markierte eine deutliche Abkehr von der Tradition des maßgeschneiderten Karosseriebaus, indem sie Luxus zugänglicher machte und gleichzeitig die Exklusivität und maßgeschneiderte Handwerkskunst beibehielt, die Rolls-Royce auszeichnete. Die Silver Cloud baute auf diesem Erbe mit verbesserten Leistungsfähigkeiten und maßgeschneiderten Optionen auf und sprach eine anspruchsvolle Kundschaft an, die sowohl Ästhetik als auch fortschrittliche Technologie schätzte.

Die Expansion in neue globale Märkte war eine weitere wichtige Strategie in den Boomjahren der Nachkriegszeit. Rolls-Royce wagte sich über die traditionellen Grenzen hinaus und gründete Händler in Europa, Amerika und Teilen Asiens, um nicht nur seine Marktpräsenz zu diversifizieren, sondern sich auch gegen regionale Konjunkturschwankungen abzuschotten. Diese Expansion trug maßgeblich dazu bei, die Marke Rolls-Royce einem breiteren Publikum vorzustellen und damit ihren internationalen Ruf und Einfluss zu festigen.

Darüber hinaus zeigte sich Rolls-Royces kontinuierliches Bestreben, die technologischen Grenzen in dieser Ära zu erweitern, in der Einführung fortschrittlicher Fertigungstechniken und der Integration innovativer Technologien in seine Fahrzeuge. Dies steigerte nicht nur die Leistung und den Luxus seiner Fahrzeuge, sondern sorgte auch dafür, dass Rolls-Royce-Fahrzeuge an der Spitze der Automobilindustrie blieben. Die Entwicklungen in der Motorentechnik, den Fahrwerkssystemen und der Komfortausstattung in dieser Zeit setzten neue Maßstäbe in der Branche und legten den Grundstein für zukünftige Innovationen.

Die Boomjahre der Nachkriegszeit waren für Rolls-Royce somit eine Zeit des deutlichen Wachstums und der strategischen Neuausrichtung. Rolls-Royce hat nicht nur die Komplexität der Nachkriegswirtschaft gemeistert, sondern auch eine solide Grundlage für zukünftige Entwicklungen gelegt. Diese Ära war entscheidend, um die Voraussetzungen für das bleibende Vermächtnis der Marke zu schaffen und ihre anhaltende Führungsrolle auf dem Markt für Luxusautos und ihre wachsende Rolle in der Luft- und Raumfahrt zu sichern. Durch diese Bemühungen bewies Rolls-Royce seine Widerstandsfähigkeit und Anpassungsfähigkeit, Eigenschaften, die seinen Geschäfts- und Innovationsansatz auch in den folgenden Jahrzehnten bestimmen sollten, und behauptete seine Position an der Spitze von Luxus und technischer Exzellenz.

Kapitel 7: Das Jet-Zeitalter (1965-1980)

Rolls-Royce in der kommerziellen Luftfahrt

Mitte der 1960er Jahre markierte Rolls-Royce einen bedeutenden Wendepunkt, als das Unternehmen entscheidende Schritte in der kommerziellen Luftfahrt machte und damit in das Jet-Zeitalter eintrat – eine Ära, die seine Rolle in der Luft- und Raumfahrttechnologie neu definieren sollte. Dieser Schritt wurde durch die Entwicklung des RB211-Turbofan-Triebwerks verkörpert, eine entscheidende Innovation, die nicht nur einen Technologiesprung darstellte, sondern auch die Widerstandsfähigkeit und den Einfallsreichtum von Rolls-Royce bei der Bewältigung von Herausforderungen unter Beweis stellte.

Das RB211-Triebwerk wurde entwickelt, um den neuen Anforderungen der neuen Generation von Großraumflugzeugen wie der Lockheed L-1011 TriStar gerecht zu werden. Dieses Triebwerk wurde mit einem hohen Nebenstromverhältnis entwickelt und war an der Spitze der Düsentriebwerkstechnologie und bot erhebliche Fortschritte bei der Kraftstoffeffizienz und -leistung. Die Entwicklung des RB211 verlief jedoch nicht ohne Hürden. Das Projekt stieß auf schwere finanzielle und technische Schwierigkeiten, die

Rolls-Royce an den Rand des finanziellen Zusammenbruchs brachten und die Existenz des Unternehmens bedrohten.

Trotz dieser anfänglichen Rückschläge war der RB211 ein Beweis für das unerschütterliche Engagement von Rolls-Royce für Innovation. Das Triebwerk verfügte über mehrere bahnbrechende Technologien, darunter eine Drei-Wellen-Konfiguration, die die Leistung des Triebwerks bei verschiedenen Flugbedingungen optimierte, und die Verwendung von Verbundwerkstoffen für die Lüfterblätter, was zu dieser Zeit ein neuartiger Ansatz war. Diese Innovationen verbesserten nicht nur die Betriebseffizienz des Motors, sondern trugen auch zu Umweltvorteilen wie einem geringeren Geräuschpegel und geringeren Emissionen bei. Diese Eigenschaften machten das RB211 für Fluggesellschaften auf der ganzen Welt sehr attraktiv und setzten neue Industriestandards für die Triebwerkstechnologie.

Der erfolgreiche Einsatz und die spätere Popularität des RB211 trugen dazu bei, den Ruf von Rolls-Royce als führendes Unternehmen in der Luft- und Raumfahrttechnik zu festigen. Die Herausforderungen der Entwicklung führten auch zu erheblichen internen Veränderungen innerhalb des Unternehmens, einschließlich finanzieller Restrukturierungen und einer erneuten Fokussierung auf Forschung und Entwicklung. Dieser strategische Wandel stellte sicher, dass

Rolls-Royce nicht nur die durch die Entwicklung des RB211 ausgelöste Krise überlebte, sondern auch gestärkt daraus hervorging, mit verbesserten Fähigkeiten in High-Tech-Technik und Innovation.

Das Vermächtnis des RB211 geht über seine technischen Erfolge hinaus. Sie legte den Grundstein für spätere Varianten und Modelle, die eine breite Palette von Flugzeugen antrieben und die Position von Rolls-Royce in der Luft- und Raumfahrt weiter festigten. Das Triebwerk wurde zu einem Eckpfeiler des Triebwerksportfolios von Rolls-Royce und führte zu fortschrittlicheren und effizienteren Designs, die die Grenzen der Luftfahrttechnologie immer weiter verschoben.

Mit der Entwicklung des RB211 und seinem Einstieg in die kommerzielle Luftfahrt bewies Rolls-Royce eine bemerkenswerte Fähigkeit, sich an neue technologische Landschaften anzupassen und diese zu gestalten. Diese Ära unterstreicht nicht nur die Rolle des Unternehmens als Pionier in der Luft- und Raumfahrttechnologie, sondern auch als widerstandsfähiger Innovator, der in der Lage ist, große Herausforderungen zu meistern. Der Erfolg des RB211 und sein Einfluss auf die kommerzielle Luftfahrt sind nach wie vor ein wichtiges Kapitel in der Geschichte von Rolls-Royce und unterstreichen seine zentrale Rolle in der Entwicklung des modernen Luftverkehrs und sein anhaltendes Vermächtnis als führendes Unternehmen in der Luft- und Raumfahrtinnovation.

Finanzielle Kämpfe und Verstaatlichung

Die späten 1960er und frühen 1970er Jahre waren für Rolls-Royce eine turbulente Zeit, die vor allem auf die finanziellen Belastungen durch die Entwicklung des RB211-Turbofan-Triebwerks zurückzuführen war. Die Kosten, die mit der Markteinführung dieses fortschrittlichen Motors verbunden waren, waren astronomisch, übertrafen die ursprünglichen Schätzungen bei weitem und brachten die finanziellen Möglichkeiten des Unternehmens an ihre Grenzen. Diese finanzielle Überforderung führte schließlich zu schwerwiegenden Liquiditätsproblemen, die 1971 in der Konkursanmeldung von Rolls-Royce gipfelten.

Die Insolvenz war ein bedeutendes Ereignis, nicht nur für Rolls-Royce, sondern auch für die britische Wirtschaft und die internationale Luftfahrtindustrie. Die britische Regierung erkannte die entscheidende Rolle des Unternehmens sowohl auf dem nationalen als auch auf dem internationalen Markt und intervenierte, indem sie die Triebwerkssparte von Rolls-Royce verstaatlichte. Diese entschlossene Maßnahme trennte die Luft- und Raumfahrtaktivitäten von der Automobilsparte, die als eigenständige Einheit weitergeführt wurde. Die Verstaatlichung war entscheidend; Sie ermöglichte es der Triebwerkssparte, den Betrieb aufrechtzuerhalten, Tausende von Arbeitsplätzen zu erhalten und ein wesentliches Segment der industriellen Basis des Vereinigten Königreichs zu sichern.

Die Unterstützung durch die Regierung war in dieser Zeit von entscheidender Bedeutung. Es sicherte die weitere Produktion der RB211, die ein integraler Bestandteil des Lockheed L-1011 TriStar-Programms und anderer zukünftiger Luftfahrtprojekte war. Ohne diese Intervention hätte die Einstellung des RB211-Projekts weitreichende Folgen für die globale Luftfahrtindustrie haben und die Stellung des Vereinigten Königreichs als führendes Unternehmen in der Luft- und Raumfahrttechnik beeinträchtigen können. Das Engagement der Regierung verschaffte Rolls-Royce die notwendige Stabilität, um seine Finanz- und Betriebsstrategien ohne den überwältigenden Druck einer unmittelbaren Insolvenz neu auszurichten.

Diese Verstaatlichung unterstreicht die strategische Bedeutung von Rolls-Royce sowohl für die Volkswirtschaft als auch für den globalen Luftfahrtsektor. Sie zeigte, wie entscheidend die technischen Innovationen des Unternehmens waren, um die technologische Überlegenheit und den Wettbewerbsvorteil in einer hochdynamischen Branche aufrechtzuerhalten. Darüber hinaus hat die Entscheidung der Regierung, das Unternehmen zu verstaatlichen, einen Präzedenzfall für staatliche Eingriffe in kritische Industriesektoren geschaffen und das Engagement für den Erhalt der inländischen technologischen Fähigkeiten und die Unterstützung von Industrien, die für die nationale Sicherheit und die wirtschaftliche Gesundheit von entscheidender Bedeutung sind, unter Beweis gestellt.

In dieser herausfordernden Zeit war Rolls-Royce in der Lage, sich zu stabilisieren und schließlich zu gedeihen, indem es seine Tradition der bahnbrechenden Innovationen in der Luft- und Raumfahrt fortsetzte. Diese Zeit der Verstaatlichung führte auch zu bedeutenden Umstrukturierungen innerhalb des Unternehmens, die den Grundstein für zukünftige Erfolge legten und die Position als führender Akteur in der Luft- und Raumfahrtindustrie festigten. Durch diese Maßnahme hat Rolls-Royce nicht nur seine finanzielle Basis wiedererlangt, sondern auch sein Engagement für die Weiterentwicklung der Luftfahrttechnik gestärkt und damit sein Vermächtnis als Innovator auf diesem Gebiet fortgesetzt.

Die Geburt der Corniche und der Camargue

Die Rolls-Royce Corniche: ein Symbol für die Eleganz der Küste

Der Rolls-Royce Corniche wurde 1971 eingeführt und läutete eine bedeutende Entwicklung in der Palette der Luxusautos von Rolls-Royce ein. Der

Corniche ist aus dem Chassis des geschätzten Silver Shadow hervorgegangen und wurde als eine höhere Stufe des Luxus und Komforts konzipiert, die insbesondere in den eleganten zweitürigen Coupé- und Cabrio-Varianten hervorgehoben wird. Diese Modelle wurden aufwendig gefertigt, um einen Lebensstil voller Freizeit und Luxus zu verkörpern und wurden schnell zum Sinnbild für wohlhabende Küstenreisen und den glamourösen Lebensstil, der mit solchen Orten verbunden ist.

Das Design-Ethos und die Technik der Corniche konzentrierten sich darauf, jeden Aspekt des Fahrgastkomforts zu optimieren, gepaart mit einem berauschenden Fahrerlebnis. Dieses Fahrzeug eignete sich perfekt für gemütliche Kreuzfahrten entlang sonnenverwöhnter Rivieras oder für Kurven durch die landschaftlich reizvollen Strecken bergiger Gelände. Das ausgeklügelte Federungssystem wurde speziell abgestimmt, um ein unglaublich geschmeidiges Fahrgefühl zu bieten, so dass sich lange Fahrten mühelos komfortabel anfühlen. Das Interieur der Corniche war ein Refugium des Luxus, mit prächtigen Ledersitzen, exquisiten Holzfurnieren und akribisch detaillierten Ausstattungen, die das beispiellose Engagement von Rolls-Royce für die Handwerkskunst zeigten.

Die wandelbare Version der Corniche betonte vor allem einen Lebensstil der Freiheit und des Genusses. Er ermöglichte es seinen Insassen, in die

Schönheit ihrer Umgebung einzutauchen, eingehüllt in den raffinierten Luxus, den nur ein Rolls-Royce bieten kann. Die Möglichkeit, das Dach einzufahren und die Kabine der freien Luft auszusetzen, fügte ein Element der Heiterkeit und Verbundenheit mit der Umgebung hinzu und bereicherte das Fahrerlebnis erheblich.

Die Leistung war ein weiterer Bereich, in dem die Corniche herausragte. Er war mit einem leistungsstarken V8-Motor ausgestattet, der reichlich Leistung und reaktionsschnelle Beschleunigung lieferte, so dass er in der Lage war, lange Fahrten mit bemerkenswerter Leichtigkeit und Agilität zu bewältigen. Bei diesem Antriebsstrang ging es nicht nur darum, rohe Geschwindigkeit zu liefern, sondern auch darum, eine Fahrdynamik zu bieten, die sanft, kultiviert und absolut angenehm war. Dieser Motor, kombiniert mit fortschrittlichen technischen Techniken, sorgte dafür, dass die Corniche so schön funktionierte, wie sie aussah, und eine Balance zwischen Kraft und Souveränität bot, die für Autos dieser Klasse selten war.

Der ästhetische Reiz der Corniche wurde durch ihre dynamischen Fähigkeiten ergänzt, was sie nicht nur zu einem Transportmittel, sondern zu einem tiefgründigen Statement von Opulenz und Klasse machte. Das Auto fand großen Anklang bei der Elite, die nicht nur komfortabel reisen wollte, sondern auch bei der Ankunft Eindruck hinterlassen wollte. Der Rolls-Royce Corniche wurde so mehr als ein Auto. Es war ein Statussymbol, ein Artefakt des Luxus, das ein tiefes Gefühl von Leistung und Unterscheidung vermittelte.

Insgesamt war der Rolls-Royce Corniche nicht nur eine weitere Ergänzung der prestigeträchtigen Palette von Rolls-Royce. Es war eine Feier all dessen, wofür die Marke stand – angeborene Eleganz, fortschrittliche Technik und ein tiefes Verständnis von Luxus, das den Wünschen und dem Lebensstil ihrer elitären Kundschaft entsprach. Im Bereich des Luxus-Automobildesigns sticht die Corniche als wahre Ikone hervor und repräsentiert ein besonderes Kapitel im geschichtsträchtigen Vermächtnis von Rolls-Royce.

Die Rolls-Royce Camargue: Moderner Luxus neu definiert

Der 1975 eingeführte Rolls-Royce Camargue stellte einen entscheidenden Moment in der Geschichte von Rolls-Royce dar und markierte einen dramatischen Wandel hin zur Modernisierung des traditionellen Designs und zum Beginn einer neuen Ära des Luxus. Dieser Wandel wurde kühn in der Camargue verkörpert, die mit ihrem unverwechselbaren Stil und ihren fortschrittlichen technologischen Merkmalen neue Wege beschritt und die Grenzen dessen, was ein Luxusauto einer anspruchsvollen Kundschaft bieten konnte, erweiterte.

Die Entwicklung der Camargue war für Rolls-Royce eine bedeutende Abweichung von der Norm, da sie eine Zusammenarbeit mit dem renommierten italienischen Designbüro Pininfarina beinhaltete. Dies war eines der ersten Male, dass Rolls-Royce sich über seine hauseigenen Designteams hinauswagte, um eine zeitgemäßere und internationalere Designästhetik zu erschließen. Pininfarina wurde beauftragt, eine Karosserie zu schaffen, die das prestigeträchtige Rolls-Royce-Image beibehält und gleichzeitig Elemente einführt, die ein jüngeres, moderneres Publikum ansprechen würden. Das Ergebnis war ein Auto, das sich durch seine kantigen Linien und eine einzigartige Silhouette auszeichnete, die die von einem Rolls-Royce erwartete Erhabenheit mit einer frischen, avantgardistischen Interpretation von Luxus-Automobildesign verband.

Das markante Erscheinungsbild der Camargue wurde durch Innovationen unter der Motorhaube und im Innenraum ergänzt. Zu den technologischen Fortschritten gehörte eines der ersten komplexen Klimaautomatiksysteme der Automobilindustrie, das neue Maßstäbe für Komfort und Bequemlichkeit in Luxusfahrzeugen setzte. Dieses System ermöglichte eine präzise Temperaturregelung und stellte sicher, dass das Innenraumklima unabhängig von den äußeren Wetterbedingungen immer optimal war. Diese Merkmale unterstreichen das Engagement von Rolls-Royce, die Bedürfnisse und

Wünsche seiner Kunden nicht nur zu erfüllen, sondern zu antizipieren.

Darüber hinaus war die Einführung der Camargue ein Beweis für die Anpassungsfähigkeit von Rolls-Royce an die sich entwickelnden Geschmäcker und Vorlieben eines zunehmend dynamischen und diversifizierten Marktes für Luxusautos. Das Fahrzeug richtete sich an ein Nischensegment von Käufern, die die für Rolls-Royce charakteristische unübertroffene Handwerkskunst und Liebe zum Detail suchten, sich aber auch von innovativem Design und modernster Technologie angezogen fühlten. Diese Mischung aus traditionellem Luxus und moderner Raffinesse verhalf der Camargue zu einem einzigartigen Platz in der Luxusautomobillandschaft.

Im Grunde war der Rolls-Royce Camargue mehr als nur ein Luxusauto. Es war eine mutige Neudefinition dessen, was die Marke erreichen konnte. Es demonstrierte die Fähigkeit von Rolls-Royce, seine Komfortzone zu verlassen und die Parameter des Designs und der Funktionalität von Luxusautos neu zu definieren. Mit der Camargue setzte Rolls-Royce nicht nur auf eine neue Ästhetik, die eine sich wandelnde Demografie anspricht, sondern festigte auch seinen Ruf als führendes Unternehmen in der Luxusautomobilindustrie, das in der Lage ist, sowohl in Sachen Stil als auch in technologischer Innovation führend zu sein. Die Camargue ist ein Beweis für das anhaltende Engagement von Rolls-Royce für

Exzellenz, Innovation und den unnachgiebigen Drang, sich in einer sich verändernden Welt anzupassen und erfolgreich zu sein.

Zusammen veranschaulichen die Corniche und die Camargue die dynamische Herangehensweise von Rolls-Royce an das Design und die Herstellung von Luxusautos in den 1970er Jahren. Jedes Modell mit seinem eigenen Fokus und seinem einzigartigen Angebot trug wesentlich zum Vermächtnis der Marke bei und stärkte Rolls-Royces Status als führendes Unternehmen im Bereich der Luxusautomobile. Diese Fahrzeuge erfüllten nicht nur die hohen Erwartungen der anspruchsvollen Kundschaft von Rolls-Royce, sondern unterstrichen auch das Engagement der Marke, traditionelles Handwerk mit moderner Innovation zu verbinden.

Anpassung an sich verändernde Märkte

Während des gesamten Jet-Zeitalters sah sich Rolls-Royce mit der Notwendigkeit konfrontiert, sich schnell und effektiv an die sich schnell ändernden Marktbedingungen sowohl in der Luft- und Raumfahrt als auch in der Automobilsparte anzupassen. Dieser Zeitraum markierte eine bedeutende Entwicklung der Technologie und der Verbrauchererwartungen, die stark von wirtschaftlichen Variablen und wechselnden globalen Trends beeinflusst wurde.

In der Luft- und Raumfahrt wurde die sich verändernde Dynamik vor allem durch die steigende Nachfrage der globalen Fluggesellschaften nach effizienteren und zuverlässigeren Triebwerken getrieben. Die Fluggesellschaften standen unter dem Druck, die betriebliche Effizienz zu verbessern und die Kosten, insbesondere die Treibstoffkosten, zu senken, um auf die steigenden Ölpreise und die zunehmende Betonung der ökologischen Nachhaltigkeit zu reagieren. Rolls-Royce, bekannt für seine technische Exzellenz, reagierte darauf, indem es seine Triebwerkstechnologie weiterentwickelte, um Triebwerke zu produzieren, die diese Effizienz- und Zuverlässigkeitsstandards nicht nur erfüllten, sondern oft sogar übertrafen. Diese Fokussierung war entscheidend für die Aufrechterhaltung ihres Wettbewerbsvorteils in der Luft- und Raumfahrtindustrie, da die Fluggesellschaften nach den technologisch fortschrittlichsten, treibstoffeffizientesten Triebwerken für den Antrieb ihrer Flotten suchten.

Die Entwicklung von Triebwerken wie dem RB211 zeigte trotz anfänglicher finanzieller Herausforderungen das Engagement von Rolls-Royce für Innovationen, die auf die Bedürfnisse des Marktes zugeschnitten sind. Dieser Motor mit seinem fortschrittlichen High-Bypass-Verhältnis setzte neue Maßstäbe in Bezug auf Kraftstoffeffizienz und Leistung und war damit besonders attraktiv in einer Zeit, in der der Kraftstoffverbrauch immer wichtiger wurde. Der Erfolg des RB211 und seiner Nachfolger unterstreicht die Fähigkeit von Rolls-Royce, sein Produktangebot an die kritischen Bedürfnisse seiner Kunden aus der Luft- und Raumfahrt anzupassen und damit seine Marktposition zu stärken.

Gleichzeitig befand sich der Automobilsektor in einem Transformationsprozess, der maßgeblich von der Ölkrise der 1970er Jahre beeinflusst wurde, die die Verbraucherpräferenzen weltweit drastisch veränderte. Die Krise führte zu einer deutlichen Verschiebung hin zu sparsameren und kleineren Automodellen, die von der traditionellen Präferenz für große, luxuriöse Fahrzeuge abwichen – ein Segment, in dem sich Rolls-Royce in der Vergangenheit hervorgetan hatte. Um diesen sich wandelnden Verbraucherpräferenzen gerecht zu werden, begann Rolls-Royce mit der Erforschung und Entwicklung neuer Technologien und Designs, die eine höhere Kraftstoffeffizienz ermöglichen würden, ohne den Luxus und die Leistung zu beeinträchtigen, die die Marke auszeichneten.

Diese Verschiebung war nicht nur eine Reaktion auf Ölpreisschwankungen, sondern auch eine strategische Anpassung an breitere Markttrends in Richtung Umweltbewusstsein und wirtschaftlicher Praktikabilität. Der Ansatz von Rolls-Royce bestand darin, die Effizienz der Motoren zu verfeinern und leichtere Materialien für den Automobilbau zu erforschen, um so seine Luxusmodelle an die neuen

Marktrealitäten anzupassen, ohne das prestigeträchtige Image der Marke zu verwässern.

Zusammenfassend lässt sich sagen, dass das Jet-Zeitalter Rolls-Royce vor zahlreiche Herausforderungen stellte, da sich die Märkte sowohl in der Luft- und Raumfahrt als auch im Automobilsektor rasant entwickelten. Die Anpassungsfähigkeit des Unternehmens, angetrieben durch sein langjähriges Engagement für Innovation und Exzellenz, ermöglichte es ihm, diese Veränderungen erfolgreich zu meistern. Durch die Deckung der Nachfrage nach effizienteren Triebwerken für die Luft- und Raumfahrt und die Anpassung seiner Automobildesigns an die sich ändernden Verbraucherpräferenzen konnte Rolls-Royce seine Führungsposition in beiden Sektoren nicht nur behaupten, sondern auch ausbauen.

Schlussfolgerung

Das Jet-Zeitalter stellte eine entscheidende Ära in der Geschichte von Rolls-Royce dar, die von einer Reihe tiefgreifender Veränderungen und Herausforderungen geprägt war, die das Unternehmen zu neuen Höhen der Innovation und Widerstandsfähigkeit anspornten. Diese Zeit war geprägt von dem tiefen Eintauchen des Unternehmens in die fortschrittliche Triebwerkstechnologie, die nicht nur die Luft- und Raumfahrtindustrie revolutionierte, sondern auch die Fähigkeit von Rolls-Royce unter Beweis stellte, in einer sich ständig weiterentwickelnden technologischen Landschaft führend und innovativ zu sein.

In der Luft- und Raumfahrt unterstreicht Rolls-Royce mit der Entwicklung von Triebwerken wie dem RB211 sein Engagement für bahnbrechende Ingenieurskunst. Diese Triebwerke setzen neue Maßstäbe in Bezug auf Leistung, Effizienz und Zuverlässigkeit und erfüllen die wachsende Nachfrage globaler Fluggesellschaften nach Triebwerken, die die Betriebskosten senken und die Treibstoffeffizienz verbessern können. Das RB211 wurde mit seinem innovativen Dreiwellen-Design und dem hohen Nebenstromverhältnis zu einem Eckpfeiler der modernen Jet-Antriebstechnik, der anfängliche finanzielle und technische Hürden überwand und zu einem der erfolgreichsten Triebwerke in der Geschichte der Luftfahrt wurde. Dieses Vorhaben festigte nicht nur den Ruf von Rolls-Royce in der Luft- und Raumfahrtbranche, sondern brachte auch die gesamte Branche voran, was zu einem nachhaltigeren und effizienteren Flugverkehr führte.

Gleichzeitig sah sich Rolls-Royce im Jet-Zeitalter mit bedeutenden Veränderungen in der Automobilindustrie konfrontiert und passte sich ihnen an. Die Ölkrise der 1970er Jahre, gepaart mit veränderten Verbraucherpräferenzen, zwang das

Unternehmen zu Innovationen bei der Entwicklung und Herstellung seiner Luxusfahrzeuge. Rolls-Royce reagierte darauf mit der Integration fortschrittlicherer Technologien und der Verfeinerung seiner Designs, um diesen neuen Anforderungen gerecht zu werden, ohne den Luxus und die Exzellenz zu beeinträchtigen, die für seine Marke standen. In dieser Zeit wurden Modelle eingeführt, die traditionelles Handwerk mit neuen Technologien kombinierten und dafür sorgten, dass Rolls-Royce-Fahrzeuge der Inbegriff von Luxus, Leistung und technologischer Raffinesse blieben.

Trotz der finanziellen Herausforderungen, die sich insbesondere aus den Entwicklungskosten für neue Triebwerkstechnologien ergaben, waren die strategischen Anpassungen von Rolls-Royce während des Jet-Zeitalters von entscheidender Bedeutung. Die Fähigkeit des Unternehmens, diese finanziellen Schwierigkeiten mit Maßnahmen wie der Verstaatlichung seiner Luft- und Raumfahrtsparte zu bewältigen, unterstrich seine Widerstandsfähigkeit und seinen strategischen Scharfsinn. Diese Maßnahmen sicherten nicht nur die unmittelbare Zukunft, sondern legten auch den Grundstein für den anhaltenden Erfolg in den folgenden Jahrzehnten.

Das Ende des Jet-Zeitalters markierte eine erneute Bestätigung des Vermächtnisses von Rolls-Royce als führendes Unternehmen in Sachen Technik und Luxus. Die Innovationen und Anpassungen dieser

Epoche reagierten nicht nur auf die Herausforderungen der Zeit; Sie schaffen die Voraussetzungen für zukünftige Fortschritte sowohl in der Luftfahrt als auch in der Automobilindustrie. Das anhaltende Engagement von Rolls-Royce für Spitzenleistungen in Verbindung mit seiner Fähigkeit, sich an die sich ändernde Marktdynamik anzupassen, stellte sicher, dass das Unternehmen weiterhin Maßstäbe in den Bereichen Technik und Luxus setzen und den Weg für anhaltenden Erfolg und Einfluss in allen Branchen ebnen würde.

Kapitel 8: Moderner Luxus und Expansion (1980-2000)

Rückkehr zur Privatisierung

Die 1980er Jahre stellten für Rolls-Royce ein Jahrzehnt des Wandels dar, das durch eine entscheidende Veränderung in der Unternehmensstruktur hervorgehoben wurde, als das Unternehmen nach Jahren staatlicher Kontrolle wieder in Privatbesitz überging. Die Privatisierung der Luft- und Raumfahrtsparte im Jahr 1987 markierte einen Wendepunkt und läutete eine neue Ära der finanziellen und operativen Autonomie für Rolls-Royce ein. Dieser strategische Schritt wurde nicht nur als Rückkehr zur Privatwirtschaft gesehen, sondern auch als entscheidender Schritt zur Wiederbelebung der Innovationsfähigkeit und des Wettbewerbsvorteils des Unternehmens auf dem globalen Markt.

Die Privatisierung erfolgte zu einer Zeit, in der Rolls-Royce versuchte, seine Position sowohl in der Luft- und Raumfahrt als auch in der Automobilbranche neu zu definieren. Die Änderung der Eigentümerstruktur befreite das Unternehmen von einigen der bürokratischen Zwänge, die mit der staatlichen Aufsicht verbunden sind, und gab ihm mehr Flexibilität, um strategische Initiativen zu verfolgen, seine Geschäftstätigkeit zu steuern und dynamischer auf Marktveränderungen zu reagieren. Diese neu gewonnene Freiheit war entscheidend dafür, dass Rolls-Royce aggressivere Strategien umsetzen konnte, die darauf abzielten, die Rentabilität zu steigern und Innovationen zu fördern. Es bot den notwendigen Spielraum, um die Abläufe zu rationalisieren, bei Bedarf Kosten zu senken und in Kernbereiche zu reinvestieren, die die größte Rendite versprachen.

Darüber hinaus hat die Privatisierung Rolls-Royce einen neuen Optimismus eingeflößt, die Unternehmenskultur verjüngt und zu einem unternehmerischeren Geschäftsansatz inspiriert. Mit der Fähigkeit, schnelle Entscheidungen zu treffen, könnte das Unternehmen neue Chancen besser nutzen, sich schneller an den technologischen Fortschritt anpassen und seine Produkte auf die sich entwickelnden Anforderungen einer vielfältigen Kundschaft zuschneiden. Diese Agilität war in einer Zeit, die von rasanten technologischen Veränderungen und zunehmender Konkurrenz durch andere Global Player in den Bereichen Luxusautomobil und fortschrittliche Luft- und Raumfahrt geprägt war, von entscheidender Bedeutung.

Die Auswirkungen der Privatisierung gingen über die bloße operative und finanzielle Umstrukturierung hinaus. Darüber hinaus eröffnete es Rolls-Royce die Möglichkeit, neue Partnerschaften einzugehen, strategische Allianzen einzugehen und seine Marktpräsenz weltweit auszubauen. Das Unternehmen war in der Lage, aggressiv neue Märkte und Segmente zu erschließen, insbesondere in Asien und im Nahen Osten, wo der aufkeimende Wohlstand und die wirtschaftliche Entwicklung lukrative Möglichkeiten für den Verkauf von Luxusautomobilen und Luft- und Raumfahrtaufträgen boten.

Der Schritt in Richtung Privatisierung unterstreicht auch das Engagement von Rolls-Royce, seine Führungsrolle im Bereich der technischen Innovation zu behaupten. Befreit von den direkten finanziellen Zwängen und vorsichtigen Risikobewertungen, die oft mit staatlichen Einrichtungen verbunden sind, könnte Rolls-Royce stärker in Forschung und Entwicklung investieren. Dieser Fokus auf Innovation sorgte dafür, dass Rolls-Royce nicht nur mit dem technologischen Fortschritt Schritt hielt, sondern auch bei der Einführung neuer Technologien und technischer Lösungen oft führend in der Branche war.

Zusammenfassend lässt sich sagen, dass die Privatisierung von Rolls-Royce in den späten 1980er Jahren viel mehr war als eine Verschiebung der Eigentumsverhältnisse. Es war eine strategische Neuausrichtung, die das Unternehmen auf zukünftige Herausforderungen und Chancen vorbereitete. Durch die Rückkehr in Privatbesitz gewann Rolls-Royce die entscheidende operative Flexibilität zurück, die es dem Unternehmen ermöglichte, einen Weg des strategischen Wachstums, der verbesserten Innovation und der erweiterten globalen Präsenz einzuschlagen und so seine anhaltende Relevanz und Führungsposition in den Bereichen Luxusautomobil und Luft- und Raumfahrttechnik zu sichern.

Einführung des Silbergeistes und des Silberseraphs

Im Bereich der Luxusautomobile war Rolls-Royce stets an vorderster Front dabei, Maßstäbe für Eleganz und Leistung zu setzen und die Grenzen dessen, was im Luxusautomobil erwartet wird, kontinuierlich zu verschieben. Dieses Engagement wurde durch die Einführung von zwei wegweisenden Modellen anschaulich veranschaulicht: der Silver Spirit und der Silver Seraph, die jeweils bedeutende Fortschritte in der Geschichte der Marke darstellen.

Der Silver Spirit: Der Beginn einer modernen Ära

Der 1980 eingeführte Silver Spirit markierte eine bedeutende Weiterentwicklung in der geschichtsträchtigen Linie der Rolls-Royce-Automobile und stand sinnbildlich für eine neue Ära, die den traditionellen Luxus der Marke mit einer frischeren, moderneren Ästhetik und fortschrittlichen technologischen Merkmalen verband. Dieses Modell wurde als zeitgemäße Neuinterpretation seiner Vorgänger entworfen und zeichnet sich durch eine stromlinienförmige Silhouette aus, die die imposante und stattliche

Präsenz beibehält, die seit langem ein Synonym für die Marke Rolls-Royce ist. Die Einführung des Silver Spirit war nicht nur eine Fortsetzung des Vermächtnisses von Rolls-Royce, sondern auch ein mutiger Schritt in die Zukunft, der darauf abzielt, neu zu definieren, was Luxus in einem modernen Kontext bedeuten könnte.

Das Äußere des Silver Spirit zeichnete sich durch seine kantigeren Linien aus, die im Kontrast zu den abgerundeten Konturen standen, die ältere Modelle kennzeichneten. Diese Designänderung modernisierte nicht nur das Aussehen des Silver Spirit, sondern verbesserte auch seine aerodynamische Effizienz – eine Anspielung auf das Engagement der Marke, Form und Funktion zu verbinden. Die größeren Abmessungen des Fahrzeugs und aktualisierte Designelemente wie der integrierte Kühlergrill und das Spirit of Ecstasy-Ornament, das prominenter positioniert ist, projizieren eine frische Eleganz, die den zeitgenössischen Geschmack anspricht, ohne von der Pracht abzuweichen, die von einem Rolls-Royce erwartet wird.

Technologisch wurde der Silver Spirit mit einer Vielzahl von Verbesserungen ausgestattet, die sowohl seine Funktionalität als auch sein Fahrerlebnis verbesserten. Ein herausragendes Merkmal war das ausgeklügelte Aufhängungssystem, das eine fortschrittliche hydropneumatische Technologie aus der Luft- und

Raumfahrt enthielt. Dieses System wurde entwickelt, um eine äußerst ruhige Fahrt zu gewährleisten, die Auswirkungen von Straßenunebenheiten zu reduzieren und den Komfort der Passagiere zu verbessern. Dies ermöglichte ein besseres Handling und eine bessere Stabilität, wodurch der Silver Spirit nicht nur komfortabler, sondern auch angenehmer zu fahren war und sich mühelos an unterschiedliche Straßenbedingungen anpasste.

Im Inneren war die Kabine der Silver Spirit ein Refugium des Luxus, ausgestattet mit den besten Materialien und akribischer Liebe zum Detail. Die weiche Lederpolsterung, die in verschiedenen Farben erhältlich ist, wurde durch handgefertigte Holzfurniere ergänzt, die das Armaturenbrett und die Türinnenräume auskleideten, wobei jedes Stück ausgewählt und positioniert wurde, um die natürliche Schönheit des Holzes widerzuspiegeln. Fortschrittliche Funktionen für die damalige Zeit, wie elektrische Fensterheber, Zentralverriegelung und verbesserte Klimaanlagen, fügten eine Ebene des Komforts hinzu, die moderne Luxuskäufer erwarteten. Jeder Aspekt der Innenarchitektur zielte darauf ab, eine Umgebung von unvergleichlichem Komfort und Opulenz zu schaffen, die dem Erbe von Rolls-Royce treu bleibt, aber für eine neue Generation von Besitzern aktualisiert wird.

Der Silver Spirit erntete schnell Anerkennung für diese luxuriösen Attribute und technologischen

Fortschritte und fand großen Anklang bei Kunden, die die Eleganz und das Prestige eines Rolls-Royce mit den zusätzlichen Vorteilen von modernem Design und Leistung kombinierten. Auf seinen Straßen führte der Silver Spirit nicht nur das Erbe seiner berühmten Vorgänger fort, sondern setzte auch einen neuen Maßstab für Luxusautos der Moderne, indem er klassische Rolls-Royce-Handwerkskunst mit zeitgenössischen Innovationen in der Automobiltechnologie kombinierte. Dieses Modell unterstreicht die Fähigkeit von Rolls-Royce, sich an sich ändernde Geschmäcker und Marktdynamiken anzupassen und zu gedeihen, was seine anhaltende Relevanz und Führungsposition im Luxusautomobilsektor sicherstellt.

Die Silver Seraph: Definition von fortschrittlichem Luxus

Aufbauend auf dem beachtlichen Erfolg des Silver Spirit stellte Rolls-Royce 1998 den Silver Seraph vor und läutete damit einen weiteren bedeutenden Fortschritt im Bereich der Luxusautomobile ein. Die Einführung des Silver Seraph markierte einen tiefgreifenden Sprung nach vorn in Rolls-Royces unermüdlichem Streben nach luxuriöser Perfektion und verkörperte eine Evolution sowohl in der technischen als auch in der gestalterischen Finesse. Dieses Modell zeichnete sich aus zahlreichen Gründen aus, wobei einer der wichtigsten sein Motor war – ein robuster V12, der erste seiner Art in der geschätzten Rolls-Royce-Modellpalette. Dieser leistungsstarke Motor veränderte die Leistung des Silver Seraph und sorgte für eine sanftere Beschleunigung und ein reaktionsschnelleres Fahrerlebnis, das neue Maßstäbe im Automobilbau setzte.

Die Einführung des V12-Motors im Silver Seraph stellte einen Höhepunkt moderner Ingenieurskunst dar und bot ein ausgewogenes Verhältnis von Leistung, Laufruhe und Effizienz, das die gesamte Fahrdynamik verbesserte. Dieser Motor ermöglichte es dem Silver Seraph, mühelos über die Autobahnen zu gleiten und eine Leistung zu liefern, die sowohl berauschend als auch äußerst kontrolliert war, was ihn nicht nur zu einem Auto, sondern zu einer raffinierten Reise auf Rädern machte. Die verbesserte Leistung und das verbesserte Ansprechverhalten sorgten auch dafür, dass der Silver Seraph die Anforderungen der anspruchsvollen Kundschaft von Rolls-Royce, die nichts weniger als bahnbrechende Innovationen und erhabenen Luxus erwartete, besser erfüllen konnte.

Im Innenraum präsentierte die Silver Seraph den Zenit der Rolls-Royce-Handwerkskunst. Die Kabine war ein großzügiger Rückzugsort, der noch luxuriöser mit Materialien umging als seine Vorgänger. Ausladende Holzpaneele schmückten die Innenräume, jedes Stück sorgfältig ausgewählt und wunderschön verarbeitet, um die natürliche Schönheit des Holzes hervorzuheben. Die Sitze wurden mit sorgfältig ausgewählten Ledern umhüllt, die eine prächtige Haptik und unvergleichlichen Komfort bieten. Jedes Detail des Silver Seraph – von den Präzisionsnähten der Ledersitze bis hin zum glänzenden Finish der hölzernen Armaturenbretter – wurde mit viel Liebe zum Detail gefertigt.

Diese außergewöhnliche Liebe zum Detail beschränkte sich nicht nur auf die Ästhetik, sondern zeigte sich auch in den technologischen Verbesserungen, die die Silver Seraph aufwies. Es verfügte über fortschrittliche Systeme, die sowohl die Sicherheit als auch den Komfort verbesserten, und integrierte nahtlos modernste Technologie mit traditionellem Luxus, um eine Umgebung zu schaffen, die sowohl technologisch fortschrittlich als auch komfortabel opulent war. Diese Verschmelzung von Handwerkskunst der alten Welt mit moderner Innovation machte den Silver Seraph zu einem herausragenden Modell in der Rolls-Royce-Modellpalette, das die Grenzen dessen, was ein Luxusauto bieten kann, sprengte.

Der Silver Seraph war somit ein monumentales Zeugnis für Rolls-Royces sich entwickelnden Luxusansatz, der die neueste Automobiltechnologie mit uralter Handwerkskunst kombiniert. Es war nicht nur eine Fortsetzung des Vermächtnisses von Rolls-Royce, sondern auch ein mutiges Statement für das Engagement der Marke für Innovation, Luxus und das kontinuierliche Streben nach Perfektion. Mit dem Silver Seraph bestätigte Rolls-Royce einmal mehr seine Position an der Spitze der Luxusautomobilindustrie und lieferte ein unvergleichliches Fahrerlebnis, das das Beste aus neuen Technologien mit zeitloser Eleganz und höchstem Komfort verbindet.

Sowohl der Silver Spirit als auch der Silver Seraph stehen beispielhaft für das Engagement von Rolls-Royce für Innovation und Luxus. Jedes Modell erfüllte in seiner jeweiligen Epoche nicht nur die hohen Erwartungen der anspruchsvollen Kundschaft von Rolls-Royce, sondern sprengte auch die Grenzen der Definition von Luxus und Leistung in einem Automobil. Diese Fahrzeuge festigten den Status von Rolls-Royce als führendes Unternehmen in der Luxusautomobilindustrie und setzten sein Vermächtnis fort, Autos zu bauen, die eine unübertroffene Mischung aus Stil, Komfort und technologischem Fortschritt bieten.

Ausbau des Markeneinflusses und der Diversifizierung

In einer entscheidenden Phase, die von strategischer Expansion und Diversifizierung geprägt war, festigte Rolls-Royce nicht nur seinen Ruf als Anbieter von Luxusautomobilen, sondern erweiterte auch seinen operativen und kommerziellen Horizont erheblich. In dieser Ära intensivierte das Unternehmen seine Bemühungen, seinen Markeneinfluss weltweit auszubauen, und konzentrierte sich dabei insbesondere auf die aufstrebenden Märkte in Asien und im Nahen Osten, Regionen mit schnellem Wirtschaftswachstum und einer wachsenden Nachfrage nach Luxusautos. Die Expansion in diese Märkte war strategisch und zielte darauf ab, neue Kundenstämme zu erschließen, die den Luxus-Lifestyle, den Rolls-Royce repräsentierte, annehmen wollten, und so das Image der Marke als ultimatives Symbol für Status und Prestige zu stärken.

Der Ansatz von Rolls-Royce zur globalen Expansion war vielschichtig und umfasste mehr als nur den Verkauf von Autos. Das Unternehmen begann mit der Kultivierung eines luxuriösen Lebensstils, der bei der Elite dieser Regionen Anklang fand, und integrierte ihre einzigartigen kulturellen und wirtschaftlichen Bestrebungen in das Rolls-Royce-Besitzererlebnis. Dazu gehörten maßgeschneiderte Marketingkampagnen, exklusive Kundenevents und die Einrichtung von hochmodernen Showrooms und Service-Centern, die den hohen Standards der Marke im Kundenservice gerecht wurden. Durch die Ausrichtung seiner Marke auf die Luxus-Lifestyle-Bestrebungen wohlhabender Privatpersonen in diesen Märkten steigerte Rolls-Royce nicht nur seine Verkaufszahlen, sondern stärkte auch sein globales Markenimage, das das Unternehmen zum Synonym für unvergleichlichen Luxus und Exklusivität machte.

Parallel zum Ausbau seiner Präsenz im Automobilbereich verfolgte Rolls-Royce auch die

Diversifizierung seiner Luft- und Raumfahrtsparte, einem weiteren Eckpfeiler seiner Geschäftsstrategie. Das Unternehmen erkannte den zyklischen Charakter des Luxusautomobilmarktes und investierte stark in den Luft- und Raumfahrtsektor und entwickelte neue Triebwerksmodelle für eine Vielzahl von Anwendungen, darunter Verkehrsflugzeuge und Militärflugzeuge. Diese strategische Diversifizierung wurde durch das Engagement für Innovation und Exzellenz in der Technik vorangetrieben, wobei erhebliche Investitionen in Forschung und Entwicklung den Weg für Durchbrüche in der Motorentechnologie ebneten.

Die Einführung neuer Triebwerksmodelle in dieser Zeit unterstrich den technischen Scharfsinn von Rolls-Royce und seine Fähigkeit, den vielfältigen und sich wandelnden Anforderungen der globalen Luft- und Raumfahrtindustrie gerecht zu werden. Durch die Diversifizierung seiner Produktpalette um Triebwerke für Verkehrsflugzeuge und Militärflugzeuge hat Rolls-Royce nicht nur seine Marktreichweite erweitert, sondern auch seine Einnahmequellen stabilisiert und seine Abhängigkeit vom schwankenden Markt für Luxusautos verringert. Diese Diversifizierungsstrategie erwies sich als entscheidend für die Aufrechterhaltung der finanziellen Gesundheit des Unternehmens und die Unterstützung seiner langfristigen Wachstumsziele.

Insgesamt war diese Zeit des strategischen Markenausbaus und der Diversifizierung entscheidend für die Gestaltung des zukünftigen Kurses von Rolls-Royce. Durch die erfolgreiche Ausweitung seines Einflusses in den wichtigsten globalen Märkten und die Diversifizierung seines Produktangebots hat Rolls-Royce seinen Wettbewerbsvorteil ausgebaut und seinen Status als führendes Unternehmen sowohl in der Luxusautomobilindustrie als auch in der Luft- und Raumfahrtindustrie gefestigt. Diese Bemühungen stellten sicher, dass Rolls-Royce an der Spitze von Luxus und Technologie blieb, weiterhin eine globale Elite ansprach und gleichzeitig Innovationen in verschiedenen Sektoren vorantrieb.

Technologische Innovationen und Umweltaspekte

Das späte 20. Jahrhundert markierte einen bedeutenden Wandel im globalen Umweltbewusstsein, mit einem zunehmenden Bewusstsein und einer zunehmenden Regulierung der ökologischen Auswirkungen von Industrien, einschließlich der Automobilindustrie und der Luft- und Raumfahrt. Rolls-Royce, bekannt für sein Engagement für Exzellenz und Innovation, reagierte auf diese sich entwickelnden Herausforderungen mit der Integration fortschrittlicher technologischer Lösungen, die darauf abzielen, den ökologischen Fußabdruck seiner Produkte zu verringern.

In der Luft- und Raumfahrt erkannte Rolls-Royce den wachsenden Bedarf an Nachhaltigkeit in der Luftfahrt, einer Branche, die oft für ihre hohen Emissionen und ihren hohen Energieverbrauch kritisiert wird. Dies führte zu einer konzertierten Anstrengung zur Entwicklung von Düsentriebwerken, die nicht nur die traditionellen Maßstäbe für Leistung und Zuverlässigkeit erfüllten, sondern auch der Treibstoffeffizienz und der Reduzierung von Emissionen Priorität einräumten. Die Ingenieure von Rolls-Royce konzentrierten sich auf die Entwicklung von Motoren, die eine höhere Leistung bieten und gleichzeitig weniger Kraftstoff verbrauchen und weniger Schadstoffe produzieren. Erreicht wurde dies durch die Entwicklung neuer, effizienterer Turbinenkonstruktionen, Verbesserungen der Aerodynamik und die Verwendung leichterer Materialien, die das Gesamtgewicht der Triebwerke reduzierten.

Diese Fortschritte in der Motorentechnologie waren nicht nur inkrementell; Sie stellten einen großen Schritt nach vorn dar, um den Flugverkehr nachhaltiger zu gestalten. Durch die Steigerung der Treibstoffeffizienz seiner Triebwerke half Rolls-Royce den Fluggesellschaften, die Treibstoffkosten und den CO_2-Fußabdruck zu senken und sich damit an den weltweiten Bemühungen zur Bekämpfung des Klimawandels zu orientieren. Darüber hinaus wurden durch die Einführung neuer Technologien wie Rotorblattkühlung und fortschrittliche Lärmminderungssysteme auch die mit Flughäfen verbundenen Bedenken hinsichtlich der Lärmbelästigung angegangen, wodurch die Lebensqualität der Gemeinden in der Nähe von Flughäfen verbessert und das Umweltprofil der Luft- und Raumfahrtindustrie verbessert wurde.

Auch im Automobilsektor hat Rolls-Royce große Fortschritte bei der Anpassung an und Antizipation strengerer Umweltauflagen gemacht. Das Unternehmen begann, ausgefeiltere Technologien zur Emissionskontrolle in seine Fahrzeuge zu integrieren, darunter fortschrittliche Katalysatoren, verbesserte Kraftstoffeinspritzsysteme und effizientere Motormanagementsysteme. Diese Technologien wurden entwickelt, um schädliche Emissionen wie Stickoxide, Feinstaub und unverbrannte Kohlenwasserstoffe zu reduzieren und sicherzustellen, dass Rolls-Royce-Fahrzeuge die immer strengeren Emissionsstandards erfüllen können, die weltweit eingeführt werden.

Darüber hinaus umfasste der Schritt von Rolls-Royce in Richtung Umweltschutz auch die Erforschung und Entwicklung alternativer Kraftstofftechnologien. Die Erforschung von Hybrid- und Elektroantrieben spiegelte das Verständnis wider, dass die Zukunft des Luxustransports nicht nur an Komfort und Leistung gemessen werden würde, sondern auch daran, wie effektiv er die Umweltbelastung mindert. Dieser proaktive Ansatz half Rolls-Royce nicht nur, sich auf eine Zukunft vorzubereiten, die von grünen Technologien dominiert wird, sondern positionierte die Marke auch als zukunftsorientiertes Unternehmen im Bereich der ökologischen Nachhaltigkeit in der Luxusautomobilindustrie.

Insgesamt spiegelt die Integration technologischer Innovationen mit Umweltaspekten die Anerkennung der Verantwortung von Rolls-Royce gegenüber seinen Kunden und dem Planeten wider. Durch die aktive Reduzierung der Umweltauswirkungen seiner Produkte hat Rolls-Royce nicht nur die globalen regulatorischen Anforderungen erfüllt, sondern auch einen Beitrag zum breiteren gesellschaftlichen Streben nach Nachhaltigkeit geleistet. Diese Ausrichtung auf die Umweltziele unterstreicht das Engagement von Rolls-Royce, sowohl beim technologischen Fortschritt als auch bei der ökologischen Verantwortung eine Vorreiterrolle einzunehmen, um die Relevanz und Führungsrolle der Marke in einer zunehmend umweltbewussten Welt zu gewährleisten.

Schlussfolgerung

Der Zeitraum von 1980 bis 2000 markierte für Rolls-Royce eine Ära bedeutender Veränderungen und robusten Wachstums, eine Zeit, die von strategischen Veränderungen und Innovationssprüngen geprägt war, die das Unternehmen für den nachhaltigen Erfolg im neuen Jahrtausend positionierten. Die Rückkehr zur Privatisierung in den späten 1980er Jahren erwies sich als ein entscheidender Wendepunkt, der Rolls-

Royce von den Zwängen der staatlichen Kontrolle befreite und seine Unternehmensstrategie mit der Agilität neu belebte, neue Möglichkeiten zu ergreifen und mit größerer Flexibilität auf die sich entwickelnde globale Landschaft zu reagieren.

In dieser Ära wurden ikonische Automobilmodelle wie der Silver Spirit und der Silver Seraph auf den Markt gebracht, die allesamt das unerschütterliche Engagement von Rolls-Royce für Luxus, Handwerkskunst und technologische Innovation unterstreichen. Der Silver Spirit, der in den frühen 1980er Jahren eingeführt wurde, markierte eine Fortsetzung des Erbes von Rolls-Royce und passte sich mit seinem modernen Design und seiner verbesserten Leistung den zeitgenössischen Anforderungen an. Später, die Veröffentlichung des Silver Seraph in den späten 1990er Jahren, ein weiteres Beispiel für diese Entwicklung, die fortschrittliche Technologien und einen V12-Motor umfasste, die die Standards der Marke für Leistung und Luxus erhöhten. Diese Modelle bereicherten nicht nur das Portfolio von Rolls-Royce. Sie bestätigten den Status der Marke als führendes Unternehmen in der Herstellung von Luxusautomobilen, das Tradition und Innovation miteinander verbindet.

Neben diesen Entwicklungen im Automobilsektor machte Rolls-Royce auch in der Luft- und Raumfahrtsparte bedeutende Fortschritte. Das Unternehmen setzte nicht nur die Innovation mit neuen Triebwerksmodellen fort, die sowohl Verkehrs- als auch Militärflugzeuge antrieben, sondern nahm auch die wachsende Forderung nach Umweltverantwortung auf. Das Engagement von Rolls-Royce, die ökologischen Auswirkungen seiner Produkte zu reduzieren, führte zur Entwicklung von Motoren, die kraftstoffeffizienter, leiser und sauberer sind, was den globalen Trends in Richtung Nachhaltigkeit entspricht und das Engagement des Unternehmens für unternehmerische Verantwortung widerspiegelt.

Darüber hinaus beschränkten sich die Diversifizierungsbemühungen von Rolls-Royce nicht nur auf Produktinnovationen, sondern umfassten auch den Ausbau seiner geografischen Präsenz, insbesondere in den aufstrebenden Märkten Asiens und des Nahen Ostens. Diese strategische Expansion trug maßgeblich dazu bei, den globalen Einfluss der Marke zu erweitern und neue Wohlstands- und Wachstumssegmente zu erschließen, um sicherzustellen, dass Rolls-Royce seinen Wettbewerbsvorteil und seine globale Präsenz beibehielt.

Zusammenfassend lässt sich sagen, dass die Zeit von 1980 bis 2000 für Rolls-Royce nicht nur transformativ, sondern auch grundlegend war und die Weichen für die zukünftige Ausrichtung des Unternehmens stellte. Durch strategische Privatisierung, die Einführung bahnbrechender Fahrzeugmodelle, die Expansion in neue Märkte und einen bahnbrechenden Ansatz in Bezug auf Umweltverantwortung hat Rolls-Royce die Herausforderungen und Chancen des späten 20. Jahrhunderts geschickt gemeistert. Diese Bemühungen sorgten dafür, dass Rolls-Royce nicht nur an der Spitze der Automobil- und Luftfahrtindustrie blieb, sondern auch weiterhin Maßstäbe für Luxus, Innovation und Nachhaltigkeit setzte. Dieses Kapitel in der Geschichte von Rolls-Royce wirft ein Schlaglicht auf ein Unternehmen, das zwar von seinem Erbe durchdrungen ist, aber nie aufgehört hat, nach vorne zu blicken und den Weg für zukünftige Fortschritte und dauerhaften Erfolg in einer sich ständig verändernden Welt zu ebnen.

Kapitel 9: Die Ära des BMW-Besitzes (2000-heute)

Neuausrichtung unter BMW

Die Jahrtausendwende markierte für Rolls-Royce einen entscheidenden Wendepunkt, denn die Marke erlebte mit der Übernahme durch BMW im Jahr 1998 einen transformativen Wandel. Dieser bedeutende Übergang läutete ein neues Kapitel in der illustren Geschichte von Rolls-Royce ein und brachte frisches Kapital, fortschrittliche technologische Ressourcen und eine erneuerte strategische Vision unter der Schirmherrschaft von BMW. Als BMW 2003 offiziell das Management übernahm, geschah dies mit dem festen Willen, das ehrwürdige Rolls-Royce-Erbe aufrechtzuerhalten und die Marke in eine Zukunft zu führen, die reich an modernen Innovationen und effizienteren Produktionsmethoden ist.

Bei dieser Übernahme durch BMW ging es nicht nur darum, Rolls-Royce unter einen neuen Eigentümer zu bringen, sondern auch um eine strategische Ausrichtung, die versprach, der Marke neue Energien und Richtungen zu verleihen. BMW erkannte die einzigartige Position von Rolls-Royce auf dem Markt für Luxusautos und war bestrebt, sein geschichtsträchtiges Erbe und seine exklusive Anziehungskraft zu bewahren. Gleichzeitig führte BMW schlanke Produktionstechniken ein und integrierte fortschrittliche Technologien, die versprachen, die technische Präzision und die Eleganz der Leistung zu verbessern, für die Rolls-Royce-Fahrzeuge bekannt waren.

Einer der symbolträchtigsten und strategischsten Schritte unter der Führung von BMW war die Verlagerung der Produktionsstätten nach Goodwood, einem Anwesen in West Sussex. Dieser Standort wurde sorgfältig ausgewählt, weil er ein typisch britisches Ambiente bietet, das tief mit dem Image und dem Erbe der Marke Rolls-Royce übereinstimmt. Das Werk in Goodwood wurde als eine Verschmelzung von Tradition und Moderne konzipiert und verkörpert den Geist der Handwerkskunst der alten Welt mit der neuesten Automobilherstellungstechnologie. Die Anlage selbst war ein Beweis für das Engagement von BMW, die Identität der Marke zu bewahren: Sie wurde mit Materialien gebaut, die den Luxus und die Langlebigkeit widerspiegeln, die für Rolls-Royce stehen, und war mit ausgeklügelten Werkzeugen ausgestattet, die die Produktionseffizienz steigerten, ohne die maßgeschneiderte Qualität jedes Fahrzeugs zu beeinträchtigen.

Die neue, hochmoderne Produktionsstätte in Goodwood wurde zum Herzstück der Rolls-Royce-Produktion und stellte sicher, dass jedes Fahrzeug die traditionell hohen Qualitäts- und Luxusstandards, die von der Marke erwartet werden, nicht nur einhielt, sondern übertraf. Hier arbeiteten erfahrene Handwerker und Handwerkerinnen an der Seite modernster Maschinen, um jedes Auto zu modellieren, zusammenzubauen und zu veredeln, um eine nahtlose Mischung aus handwerklichem Können und Präzisionstechnik zu gewährleisten. Dieser Ansatz ermöglichte es Rolls-Royce, seine charakteristische Exklusivität und seinen Luxus beizubehalten und gleichzeitig Innovationen zu fördern, die den Anforderungen eines sich verändernden globalen Marktes gerecht werden konnten.

Unter der Leitung von BMW erweiterte Rolls-Royce auch seine Modellpalette und führte neue Fahrzeuge ein, die die Grenzen des Designs und der Leistung von Luxusfahrzeugen weiter ausloteten. Jedes neue Modell war ein Spiegelbild des Engagements von Rolls-Royce für Spitzenleistungen, durchdrungen von den neuesten Fortschritten in der Automobiltechnologie und luxuriösen Annehmlichkeiten, um sicherzustellen, dass die Marke an der Spitze des High-End-Automarktes blieb.

Zusammenfassend lässt sich sagen, dass die Neuausrichtung unter BMW eine Renaissance für Rolls-Royce bedeutete, die sich durch eine kluge Mischung aus Bewahrung von Tradition und Innovation auszeichnete. Diese Zeit unter der Führung von BMW festigte nicht nur die Position von Rolls-Royce als weltweit führender Anbieter von

Luxusautomobilen, sondern schuf auch die Voraussetzungen für weiteres Wachstum und Erfolg im neuen Jahrtausend. Die strategischen Entscheidungen, die in dieser Zeit getroffen wurden, stellten sicher, dass Rolls-Royce weiterhin Fahrzeuge lieferte, die nicht nur Transportmittel, sondern bewegliche Kunstwerke waren, die den Gipfel von Luxus und technischer Exzellenz symbolisierten.

Das Phantom, der Geist und das Gespenst des neuen Jahrtausends

Unter der Schirmherrschaft von BMW läutete Rolls-Royce eine neue Ära ein und brachte mehrere bahnbrechende Modelle auf den Markt, die den Luxus des 21. Jahrhunderts definieren. Die Einführung des Phantom, gefolgt vom Ghost und dem Wraith, markierte wichtige Meilensteine im Streben der Marke nach automobiler Perfektion, die jeweils unterschiedliche Segmente des Luxusautomarktes ansprachen.

Der Rolls-Royce Phantom: Ein neuer Maßstab in Sachen Luxus

Der Rolls-Royce Phantom wurde 2003 auf den Markt gebracht und markierte einen transformativen Moment in der Luxusautomobillandschaft. Er wurde nicht nur als neues Modell eingeführt, sondern auch als kühne Neudefinition dessen, was ein Luxusauto sein könnte. Der Phantom setzte schnell neue

Maßstäbe für Luxus, Leistung und Raffinesse und verkörperte das kompromisslose Engagement von Rolls-Royce, die besten Autos der Welt zu bauen. Als Inbegriff von Luxus wurde der Phantom entworfen, um eine unvergleichliche Mischung aus Stattlichkeit und fortschrittlicher technologischer Innovation zu bieten und die Dominanz von Rolls-Royce auf dem High-End-Automobilmarkt zu bekräftigen.

Das Herzstück der Innovation des Phantom war sein 6,75-Liter-V12-Motor, ein Kraftpaket an Ingenieurskunst, das ein nahtloses und scheinbar müheloses Fahrerlebnis bietet. Dieser Motor war in der Lage, eine beträchtliche Leistung zu erzeugen, arbeitete aber mit einer flüsterleisen Laufruhe, die seine Stärke Lügen strafte. Das Ergebnis war ein Fahrzeug, das sich mit majestätischer Anmut bewegte und eine Beschleunigung und ein Handling bot, das sich sowohl reaktionsschnell als auch kultiviert anfühlte. Der V12-Motor sorgte dafür, dass der Phantom mit minimaler Übertragung über Straßenunebenheiten gleiten konnte und so die ruhige Innenraumatmosphäre bewahrte, die die Besitzer von Rolls-Royce gewohnt waren.

Ein entscheidender Aspekt des revolutionären Designs des Phantom war sein einzigartiges Aluminium-Spaceframe-Chassis. Zum Zeitpunkt seiner Einführung war dies eine bahnbrechende Verwendung von Aluminium im Luxusautobau, die aufgrund seiner Kombination aus Festigkeit und

Leichtigkeit ausgewählt wurde. Der Spaceframe wurde speziell für optimale Leistung gebaut und trägt zu einer robusten Struktur bei, ohne die Gewichtseinbußen, die normalerweise mit herkömmlichen Materialien verbunden sind. Dieser technologische Fortschritt steigerte nicht nur die Agilität und Dynamik des Phantom, sondern trug auch wesentlich zu seiner Sicherheit und Langlebigkeit bei. Durch die Reduzierung des Gesamtgewichts stellte Rolls-Royce sicher, dass der Phantom sowohl eine verbesserte Kraftstoffeffizienz als auch eine höhere Handling-Präzision bieten konnte, was ihn von seinen Vorgängern und Wettbewerbern abhob.

Das Design des Phantom war so majestätisch wie seine Leistungsfähigkeit. Jedes Element des Exterieurs und Interieurs wurde so gestaltet, dass es die Opulenz und das Prestige widerspiegelt, die die Marke Rolls-Royce symbolisiert. Das Exterieur hatte eine beeindruckende Präsenz, mit einem kühnen Kühlergrill und klassischen Proportionen, die an das goldene Zeitalter des Automobils erinnerten, aber dennoch unverkennbar modern ausgeführt wurden. Im Inneren war der Phantom ein Refugium des Luxus, mit einer großzügigen Verwendung hochwertiger Materialien wie edlem Leder, exquisiten Holzfurnieren und weichen Teppichen. Die Liebe zum Detail war akribisch – jeder Stich, jeder Knopf und jede Halterung wurde mit Präzision entworfen und platziert, was ein Maß an

Handwerkskunst widerspiegelt, das einzigartig für Rolls-Royce war.

Im Grunde war der Rolls-Royce Phantom mehr als nur ein Fahrzeug. Es war ein Statement für Luxus und ein Symbol für ultimatives Prestige. Seine Einführung setzte nicht nur neue Maßstäbe in der Luxusautomobilindustrie, sondern festigte auch den Ruf von Rolls-Royce als Hersteller der besten Autos der Welt. Der Phantom war ein Flaggschiff-Modell, das die traditionelle Eleganz von Rolls-Royce mit modernster Technologie kombinierte, was ihn zu einem Leuchtturm automobiler Exzellenz und zu einem Beweis für das anhaltende Vermächtnis der Marke bei der Schaffung unvergleichlicher Luxuserlebnisse machte.

Der Rolls-Royce Ghost: Raffinesse und Agilität

Im Jahr 2009 stellte Rolls-Royce mit dem Ghost ein Modell vor, das sein Portfolio strategisch erweiterte und gleichzeitig an den Grundprinzipien von Luxus und Exzellenz festhielt, die von seinem Vorgänger, dem Phantom, etabliert wurden. Der Ghost wurde als etwas kleinerer, agilerer Begleiter des stattlichen Phantom konzipiert, um ein bestimmtes Segment des Luxusautomarktes zu bedienen. Dieses neue Modell kombinierte den typischen Rolls-Royce-Luxus mit einem moderneren, zurückhaltenderen Design und verbesserter Manövrierfähigkeit, um vor allem eine jüngere Zielgruppe von Luxusautokäufern anzusprechen.

Der Ghost wurde positioniert, um die Lücke zwischen höchstem Luxus und Alltagstauglichkeit zu schließen. Er bot eine Mischung aus Raffinesse und Agilität, die besonders für diejenigen attraktiv war, die das prestigeträchtige Rolls-Royce-Emblem anstrebten, aber ein Fahrzeug benötigten, das besser für das tägliche Fahren geeignet ist. Im Gegensatz zum größeren, zeremonielleren Phantom wurde der Ghost mit etwas mehr Subtilität in seinem Styling und seiner Größe entworfen, was ihn ideal für die Navigation durch den Stadtverkehr oder für den Einsatz bei weniger formellen Anlässen macht, ohne seinen luxuriösen Charme zu opfern.

Technologisch war der Ghost ein Vorzeigebeispiel für die Innovationskraft von Rolls-Royce. Er verfügte über eine fortschrittliche Reihe technologischer Annehmlichkeiten, die sowohl seine Funktionalität als auch sein Fahrerlebnis verbesserten. Der Wagen war mit einem leistungsstarken Motor ausgestattet, der für eine dynamische Beschleunigung und reichlich Leistung sorgte und dafür sorgte, dass er eine ebenso beeindruckende Leistung erbringen konnte wie sein Aussehen. Das Handling wurde so abgestimmt, dass es ein Gleichgewicht zwischen Komfort und Reaktionsfähigkeit bietet, mit einem ausgeklügelten Federungssystem, das sich an unterschiedliche Straßenbedingungen anpasste und ein geschmeidiges und stabiles Fahrverhalten ermöglichte.

Im Innenraum setzte der Ghost die Rolls-Royce-Tradition von opulentem Luxus und akribischer Liebe zum Detail fort. Das Interieur wurde mit den feinsten Materialien gefertigt, darunter Plüschleder, edle Hölzer und maßgeschneiderte Metallbeschläge, die alle mit Präzision ausgewählt und platziert wurden. Das Design war modern und doch zeitlos, wobei jeder Aspekt vom Armaturenbrett bis zu den Türverkleidungen ein Bekenntnis zur handwerklichen Handwerkskunst widerspiegelte. Die Liebe zum Detail zeigte sich in jedem Stich und jeder Naht und sorgte dafür, dass die Inneneinrichtung sowohl visuell beeindruckend als auch komfortabel war.

Die Einführung des Ghost erwies sich als bedeutender Erfolg für Rolls-Royce und stärkte die Fähigkeit der Marke, sich an die sich entwickelnden Anforderungen des Luxusautomobilmarktes anzupassen, ohne ihre Kernwerte zu gefährden. Der Ghost fand eine perfekte Balance zwischen traditionellem Rolls-Royce-Luxus und moderner Zweckmäßigkeit, was ihn für ein breiteres Publikum sehr begehrenswert machte. Der Erfolg unterstreicht die Kompetenz von Rolls-Royce, modernste Automobiltechnologie mit unübertroffener Handwerkskunst zu verbinden, das Erbe der Marke als führendes Unternehmen im Luxusautomobilsektor fortzusetzen und einen neuen Maßstab für Luxuslimousinen auf dem Weltmarkt zu setzen.

Der Rolls-Royce Wraith: Leistung trifft Eleganz

Der 2013 eingeführte Rolls-Royce Wraith markierte eine kühne Weiterentwicklung in der Modellpalette der traditionsreichen Marke, die den typischen Luxus von Rolls-Royce gekonnt mit einem verstärkten Fokus auf hohe Leistung und markante Ästhetik verbindet. Als Grand Tourer wurde der Wraith konzipiert, um ein einzigartiges Segment des Luxusautomarktes zu bedienen – Kunden, die den Gipfel des Luxus suchten, ohne Kompromisse bei der berauschenden Leistung einzugehen. Dieses Modell zeichnete sich als das leistungsstärkste Modell der damaligen Rolls-Royce-Produktpalette aus und wurde entwickelt, um die Erwartungen einer anspruchsvollen Kundschaft nicht nur zu erfüllen, sondern zu übertreffen.

Das Design des Wraith war eine Abkehr von den traditionelleren Rolls-Royce-Modellen und zeichnete sich durch eine dramatische Fließheck-Silhouette aus, die ein kühnes visuelles Statement setzte. Diese unverwechselbare Form trug nicht nur zur Ästhetik des Wraith bei, sondern verbesserte auch seine aerodynamische Effizienz, so dass er mit weniger Widerstand durch die Luft schneiden konnte. Die kraftvolle Haltung und die aggressiven Linien des Wraith wurden sorgfältig ausgearbeitet, um seine dynamischen Fähigkeiten widerzuspiegeln, was deutlich macht, dass dieses Auto sowohl für Geschwindigkeit und Agilität als auch für Luxus gebaut wurde.

Unter der Haube war der Wraith mit einem fortschrittlichen V12-Motor ausgestattet, einem Wunderwerk der Ingenieurskunst, das für atemberaubende Leistung und Beschleunigung sorgte. Dieser Motor ermöglichte es dem Wraith, ein Fahrerlebnis zu bieten, das sowohl berauschend als auch geschmeidig war, mit reichlich Leistungsreserven, die mit einem einfachen Druck auf das Gaspedal aufgerufen werden konnten. Das Ergebnis war ein Auto, das sich mühelos von einem ruhigen Cruiser in ein leistungsstarkes Biest verwandeln konnte, das die Dualität von Komfort und Leistung verkörpert.

Das Interieur des Wraith war nicht weniger beeindruckend und zeigte die für Rolls-Royce typische Liebe zum Detail und zum Luxus. Jeder Zentimeter der Kabine wurde so gestaltet, dass sie höchsten Komfort und Sinnesfreude bietet, von der prächtigen Lederpolsterung und den exquisit verarbeiteten Holzfurnieren bis hin zum ausgeklügelten Soundsystem und der Umgebungsbeleuchtung. Die Kabine des Wraith war eine Meisterklasse für luxuriöse Automobilinnenräume, die die Insassen in einen Kokon aus Eleganz und fortschrittlicher Technologie einhüllte.

Der Rolls-Royce Wraith bediente damit erfolgreich ein Nischenmarktsegment, das nicht nur traditionelle Rolls-Royce-Handwerkskunst und Luxus schätzte, sondern auch ein temperamentvolleres und fesselnderes Fahrerlebnis wünschte. Er war ein Beweis für die Fähigkeit von Rolls-Royce, innerhalb der Grenzen seines geschichtsträchtigen Erbes innovativ zu sein und die Grenzen dessen, was von einem Luxusauto erwartet wird, zu erweitern. Die Mischung aus Leistung, Stil und Luxus des Wraith machte ihn zu einem ikonischen Modell in der Rolls-Royce-Modellpalette und sprach diejenigen an, die von ihren Luxusautos eine dynamische Kante und eine souveräne Präsenz erwarten.

Zusammen unterstreichen der Phantom, der Ghost und der Wraith den erfolgreichen Übergang von Rolls-Royce in das neue Jahrtausend unter der Führung von BMW, wobei jedes Modell das anhaltende Engagement der Marke für Innovation, Luxus und Exzellenz im Automobildesign unterstreicht. Diese Fahrzeuge steigern nicht nur den prestigeträchtigen Ruf der Marke, sondern sichern auch ihre Relevanz in einem sich schnell entwickelnden Luxusmarkt, der sowohl traditionelle Kunden als auch neue Generationen gleichermaßen anspricht.

Technologischer Fortschritt: Von Leistung zu Nachhaltigkeit

Als Reaktion auf die sich verändernde globale Dynamik, das zunehmende Umweltbewusstsein und die sich wandelnden Erwartungen der Luxuskonsumenten hat Rolls-Royce seinen Fokus auf technologische Innovationen in den letzten Jahren deutlich erweitert. Dieses Engagement zeigt sich in der Integration modernster technologischer Funktionen in die Fahrzeuge, die die Leistung, Sicherheit und das gesamte Fahrerlebnis verbessern und gleichzeitig den Anforderungen des modernen Verbrauchers nach Konnektivität und fortschrittlichen Funktionen entsprechen.

Rolls-Royce-Fahrzeuge sind mit verbesserten Navigationssystemen ausgestattet, die nicht nur präzise Wegbeschreibungen, sondern auch Echtzeit-Verkehrsinformationen und standortbezogene Dienste bereitstellen und so ein nahtloses Reiseerlebnis gewährleisten. Die Konnektivitätsoptionen in diesen Fahrzeugen wurden um umfassendere Infotainment-Systeme erweitert, die Smartphones integrieren, Sprachbefehlsfunktionen bieten und umfangreiche digitale Dienste bereitstellen, die den Komfort und die Kontrolle der Passagiere verbessern. Darüber hinaus hat die Hinzufügung fortschrittlicher Fahrerassistenztechnologien die Sicherheit erheblich verbessert. Funktionen wie die adaptive Geschwindigkeitsregelung, der Spurhalteassistent und fortschrittliche Einparkhilfen unterstützen die Fähigkeiten des Fahrers und machen Rolls-Royce-Fahrzeuge nicht nur luxuriöser, sondern auch sicherer und angenehmer zu fahren.
Inmitten dieser Fortschritte hat das Know-how von BMW im Bereich nachhaltiger Technologien den Einfluss von Rolls-Royce auf das Fahrzeugdesign

und die Fahrzeugentwicklung immer deutlicher gemacht. Unter der Führung von BMW hat Rolls-Royce begonnen, Elektro- und Hybridfahrzeugtechnologien zu erforschen und zu entwickeln, und hat die dringende Notwendigkeit erkannt, sich an eine Welt anzupassen, die sich zunehmend in Richtung umweltfreundlicherer Alternativen bewegt. Dieser Wandel hin zur Nachhaltigkeit zeigt sich in den strategischen Forschungs- und Entwicklungsinitiativen der Marke, die darauf abzielen, den CO_2-Fußabdruck zu verringern und die Energieeffizienz zu verbessern, ohne den Luxus und die Leistung von Rolls-Royce-Fahrzeugen zu beeinträchtigen.

Diese Entwicklung hin zu Elektro- und Hybridtechnologien ist nicht nur eine Reaktion auf Markttrends, sondern auch ein proaktiver Ansatz für den Umweltschutz. Es spiegelt das breitere Engagement von Rolls-Royce für Innovation und seine Verantwortung für die Gestaltung einer nachhaltigen Zukunft wider. Die Erforschung dieser Technologien stellt einen bedeutenden Wendepunkt in der Ingenieursphilosophie von Rolls-Royce dar und positioniert die Marke an der Spitze des Übergangs der Luxusautomobilindustrie zur Nachhaltigkeit.

Insgesamt unterstreicht die Investition von Rolls-Royce in technologische Fortschritte – von leistungssteigernden Funktionen bis hin zu nachhaltigkeitsorientierten Innovationen – eine zukunftsorientierte Mentalität, die das geschichtsträchtige Erbe des Unternehmens respektiert und gleichzeitig mutig in die Zukunft blickt. Dieser Ansatz stellt sicher, dass Rolls-Royce in einer sich schnell entwickelnden Automobillandschaft relevant und wettbewerbsfähig bleibt, die hohen Erwartungen seiner anspruchsvollen Kundschaft erfüllt und gleichzeitig einen positiven Beitrag zum Umweltschutz leistet.

Globale Expansion und Markenentwicklung

Unter der Eigentümerschaft von BMW hat Rolls-Royce seine globale Präsenz strategisch ausgebaut und seine Marke an die Anforderungen einer sich wandelnden Marktlandschaft angepasst. Diese Periode war geprägt von einem signifikanten Wachstum, insbesondere in Bezug auf die Art und Weise, wie das Unternehmen seine Position in etablierten Märkten wie Nordamerika und Europa gefestigt und gleichzeitig erhebliche Fortschritte in neueren, wachstumsstarken Regionen wie Asien und dem Nahen Osten erzielt hat. Diese Bemühungen haben nicht nur die geografische Präsenz von Rolls-Royce erweitert, sondern auch den Kundenstamm diversifiziert, was eine breitere Verschiebung auf dem Markt für Luxusautos widerspiegelt.

In etablierten Märkten wie Nordamerika und Europa hat Rolls-Royce seine Präsenz durch den Ausbau seines Händlernetzes und das Angebot neuer Modelle verstärkt, die den spezifischen Geschmäckern und Vorlieben dieser Regionen gerecht werden. Diese Märkte sind traditionell Hochburgen für Rolls-Royce, angetrieben von einer langjährigen Wertschätzung für das Erbe und das Luxusangebot der Marke. Um seine Führungsposition in diesen Bereichen zu behaupten, hat sich Rolls-Royce darauf konzentriert, hohe Standards im Kundenservice aufrechtzuerhalten und maßgeschneiderte Optionen einzuführen, die ein hohes Maß an Individualisierung ermöglichen und dem Wunsch des Luxuskonsumenten nach Exklusivität und Individualität gerecht werden.

Gleichzeitig stellt die Expansion von Rolls-Royce nach Asien und in den Nahen Osten eine strategische Antwort auf den wachsenden Wohlstand und den Appetit auf Luxusgüter in diesen Regionen dar. Durch die Etablierung lokaler Händler und die Anpassung von Marketingstrategien an diese kulturell unterschiedlichen Märkte hat Rolls-Royce erfolgreich neue Kundensegmente erschlossen und seinen weltweiten Umsatz und seine Markenbekanntheit deutlich gesteigert. Diese Regionen haben eine besondere Affinität zu Luxusfahrzeugen als Status- und Erfolgssymbole gezeigt und sind damit die wichtigsten Märkte für das weitere Wachstum von Rolls-Royce.

Darüber hinaus ist die Entwicklung der Marke Rolls-Royce unter der Führung von BMW von einer bewussten Verschiebung geprägt, um eine breitere, vielfältigere Kundengruppe anzusprechen. Dazu gehört auch die aktive Ansprache von Frauen und jüngeren Unternehmern, die traditionell nicht als typische Rolls-Royce-Käufer angesehen werden. Durch die Erweiterung seines Marketingansatzes und die Verfeinerung des Produktangebots, um den Vorlieben dieser aufstrebenden Kundengruppen gerecht zu werden, hat Rolls-Royce begonnen, über seine traditionelle Kundschaft hinauszugehen. Dazu gehört die Integration modernerer Designs, fortschrittlicher technologischer Funktionen und dynamischerer Fahreigenschaften, die jüngere, erfolgsorientierte Menschen ansprechen, die nicht nur ein Luxusauto suchen, sondern auch ein Statement ihrer persönlichen Leistungen und ihres einzigartigen Geschmacks.

Diese strategische Diversifizierung und globale Expansion unter BMW waren entscheidend für die Neudefinition der Markenidentität und der Marktpositionierung von Rolls-Royce. Durch die Anpassung an die sich verändernde Demografie der Käufer von Luxusautos und die Erschließung neuer Marktchancen hat Rolls-Royce seine anhaltende Relevanz und seinen Erfolg im

Luxusautomobilsektor sichergestellt. Dieser Ansatz stärkt nicht nur die traditionellen Werte von Rolls-Royce wie Handwerkskunst und Luxus, sondern richtet die Marke auch an aktuellen Trends und Kundenerwartungen aus und ebnet den Weg für zukünftiges Wachstum und Innovation.

Schlussfolgerung

Die Ära unter der Eigentümerschaft von BMW war für Rolls-Royce von entscheidender Bedeutung, da sie von einer harmonischen Mischung aus der Ehrung der Tradition und der Bereitschaft zu transformativen Veränderungen geprägt war. In dieser Zeit hat Rolls-Royce erfolgreich durch die Feinheiten der modernen Automobillandschaft navigiert, die durch rasante technologische Fortschritte und eine sich verändernde Marktdynamik gekennzeichnet ist. Durch die geschickte Integration neuer Technologien und den Ausbau seiner globalen Präsenz hat Rolls-Royce seinen Ruf für unvergleichlichen Luxus und exquisite Handwerkskunst nicht nur aufrechterhalten, sondern auch ausgebaut.

Die Einführung neuer Modelle wie Phantom, Ghost und Wraith unter der Leitung von BMW hat maßgeblich dazu beigetragen, den Status von Rolls-Royce als Inbegriff automobiler Exzellenz zu festigen. Diese Modelle sind ein Beispiel dafür, wie die Marke kontinuierlich innovativ ist, ohne ihr Erbe aus den Augen zu verlieren. Jedes Fahrzeug spiegelt das Bekenntnis zu hochwertiger Handwerkskunst, fortschrittlicher Technik und einem luxuriösen Erlebnis wider und führt gleichzeitig moderne Designelemente und technologische Verbesserungen ein, die den Erwartungen der heutigen Luxuskonsumenten entsprechen.

Darüber hinaus hat das Know-how von BMW in den Bereichen Technologie und Management Rolls-Royce eine neue Perspektive verliehen und es dem Unternehmen ermöglicht, bahnbrechende Innovationen umzusetzen, die die Marke an der Spitze der Luxusautomobilindustrie gehalten haben. Von der Weiterentwicklung der Motorentechnologie bis hin zur Integration digitaler Schnittstellen und Fahrerassistenzsysteme hat es Rolls-Royce unter BMW geschafft, in einer sich rasant entwickelnden Branche relevant zu bleiben.

Dieses Kapitel in der Geschichte von Rolls-Royce unterstreicht die Bedeutung strategischer Partnerschaften und zukunftsorientierter Führung für die Verjüngung und den Erhalt einer ikonischen Marke. Unter der Führung von BMW hat sich Rolls-Royce erfolgreich auf zukünftige Herausforderungen und Chancen vorbereitet und gezeigt, dass sich auch eine traditionsreiche Marke in einer sich ständig verändernden Welt anpassen und gedeihen kann. Die strategischen Entscheidungen, die in dieser Ära getroffen wurden, haben dafür gesorgt, dass Rolls-Royce weiterhin Luxus, Innovation und Exzellenz symbolisiert und die Voraussetzungen für anhaltenden Erfolg und Vermächtnis auf dem Markt für Luxusautomobile schafft.

Kapitel 10: Rolls-Royce und die Populärkultur

Symbol für Luxus und Macht

Rolls-Royce ist mehr als nur ein Hersteller von Luxusautomobilen. Es ist eine globale Ikone für Opulenz, Leistung und sozialen Status, tief eingebettet in das kulturelle Gefüge von Gesellschaften auf der ganzen Welt. Im Laufe ihrer Geschichte hat sich die Marke über die Automobilindustrie hinaus zu einem Symbol für ultimativen Luxus und Exklusivität entwickelt, das oft als das Fahrzeug der Wahl für die Wohlhabenden und Einflussreichen angesehen wird. Diese universelle Anerkennung ist nicht nur auf die außergewöhnliche Qualität und Handwerkskunst der Fahrzeuge zurückzuführen, sondern auch auf die strategische Integration von Rolls-Royce in verschiedene Aspekte der Populärkultur.

Das Auftauchen von Rolls-Royce-Fahrzeugen in Filmen, Musik und Literatur hat eine entscheidende Rolle dabei gespielt, seinen Status als kulturelle Ikone zu festigen. Im Kino ist ein Rolls-Royce nicht nur ein Auto; Es ist ein zentrales Charakterelement, das für Reichtum und Luxus steht und oft verwendet wird, um den hohen sozialen Status der Figuren oder die opulente Umgebung zu etablieren. Von Filmklassikern bis hin zu zeitgenössischen Blockbustern wird die Marke Rolls-Royce häufig vorgestellt, um ein Gefühl von Erhabenheit und zeitloser Klasse zu symbolisieren.

In der Musik, insbesondere in Genres wie Hip-Hop und Pop, gibt es viele Rolls-Royce-Referenzen, die das ultimative Erreichen des Erfolgs und den damit verbundenen luxuriösen Lebensstil symbolisieren. Texte, in denen der Besitz eines Rolls-Royce zur Schau gestellt wird, dienen als Zeichen des Stolzes und des eigenen Status und beeinflussen die Wahrnehmung von Erfolg und Ambitionen von Fans und Zuhörern.

Auch in der Literatur spiegelt sich das Prestige der Marke Rolls-Royce wider, die von zahlreichen Autoren als Schlüsselsymbol für Wohlstand und Elitestatus in Erzählungen verwendet wird. Ob in den glamourösen Beschreibungen des Lebensstils eines Protagonisten oder als signifikantes Detail in der Kulisse, Rolls-Royce-Fahrzeuge sind mehr als nur ein Fortbewegungsmittel. Sie stehen sinnbildlich für den Erfolg und den Geschmack einer Figur.

Über die mediale Repräsentation hinaus hat Rolls-Royce seine kulturelle Bedeutung bewahrt, indem es kontinuierlich den Lebensstil der Elite verkörpert. Die Marke wird oft mit maßgeschneidertem Luxus in Verbindung gebracht, nicht nur in Bezug auf das Produktangebot, sondern auch durch exklusive Kundenerlebnisse, die personalisierte

Dienstleistungen, Veranstaltungen nur auf Einladung und höchste Standards der Kundenbetreuung umfassen. Diese Erfahrungen stärken das Image der Marke als Anbieter eines unverwechselbaren Lebensstils, der diejenigen anspricht, die nicht nur den feinsten Luxus suchen, sondern auch einen Ausdruck persönlicher Leistung und Status.

Darüber hinaus beeinflusst Rolls-Royces Engagement für Innovation und Exzellenz in Design und Technik weiterhin die globale Wahrnehmung von Wohlstand und Erfolg. Durch das konsequente Setzen neuer Maßstäbe in der Luxusautomobilindustrie erfüllt Rolls-Royce nicht nur den sich wandelnden Geschmack und die Erwartungen seiner elitären Kundschaft, sondern stärkt auch sein Image als Innovationsführer im Bereich Luxusautomobile.

Zusammenfassend lässt sich sagen, dass die anhaltende kulturelle Bedeutung und die symbolische Repräsentation von Luxus und Macht von Rolls-Royce ein Beweis für seinen tiefgreifenden Einfluss auf die globale Wahrnehmung von Reichtum und Erfolg sind. Durch seine herausragende Präsenz in der Popkultur und sein kontinuierliches Engagement, den Lebensstil der Elite zu verkörpern, bleibt Rolls-Royce an der Spitze der Welt der Luxusautomobile und beeinflusst und definiert die Standards für ultimativen Luxus und Exklusivität.

Rolls-Royce in Film und Musik

Die Prominenz von Rolls-Royce sowohl in Film als auch in der Musik unterstreicht seine anhaltende Anziehungskraft als Symbol für Luxus, Erfolg und kulturelle Raffinesse. Die Integration der Marke in diese Formen der Popkultur hat nicht nur ihren Status als erstklassiges Symbol für Opulenz gefestigt, sondern auch ihre anhaltende Relevanz über verschiedene Generationen und gesellschaftliche Veränderungen hinweg sichergestellt.

Im Kino ist Rolls-Royce seit langem ein beliebtes Element, das oft verwendet wird, um den Reichtum einer Figur zu unterstreichen oder die luxuriöse Kulisse eines Films aufzuwerten. Einer der ikonischsten Auftritte von Rolls-Royce in der Filmgeschichte ist der James-Bond-Klassiker "Goldfinger" aus dem Jahr 1964, in dem ein Rolls-Royce Phantom III nicht nur ein Transportmittel ist, sondern ein entscheidendes Element der Handlung und Ästhetik des Films und den Szenen einen Hauch von Erhabenheit und Raffinesse verleiht. Diese und andere frühe Darstellungen trugen dazu bei, die Assoziation des Rolls-Royce mit High Society, Intrigen und zeitloser Eleganz zu festigen.

Im Laufe der Jahrzehnte hat Rolls-Royce immer wieder eine wichtige Rolle in Filmen gespielt, die aufgrund seiner Konnotationen von Reichtum und Luxus ausgewählt wurden. Im modernen Kino werden Rolls-Royce-Fahrzeuge oft verwendet, um eine Aussage über den Status einer Figur oder die raffinierte Natur der Filmumgebung zu machen, das Erbe der Marke zu stärken und gleichzeitig ihre Entwicklung im Design zu präsentieren. Ob in einer mitreißenden, dramatischen Szenerie oder prominent vor prunkvollen Orten geparkt, Rolls-Royce-Fahrzeuge verleihen dem Unternehmen einen Hauch von Klasse, mit dem nur wenige andere Fahrzeuge mithalten können, und bewahren das filmische Erbe der Marke.

In der Musikindustrie, insbesondere in Genres wie Hip-Hop und R&B, ist Rolls-Royce über seine Rolle als Hersteller von Luxusautos hinausgewachsen und zu einer kulturellen Ikone geworden, die den Gipfel des Erfolgs und eines verschwenderischen Lebensstils symbolisiert. Die Marke wird häufig in den Texten beliebter Lieder erwähnt, in denen die Erwähnung oder der Besitz eines Rolls-Royce als ultimativer Indikator für Erfolg und Reichtum dargestellt wird. Diese lyrische Einbeziehung geht über bloßes Namedropping hinaus; Es spiegelt die Bestrebungen und Errungenschaften führender Künstler wider und findet bei ihrem Publikum Anklang als Symbol dafür, es an die Spitze "geschafft" zu haben.

Darüber hinaus sind Rolls-Royce-Autos oft visuell in Musikvideos zu sehen, was die luxuriöse Aura der Künstler und ihrer Musik unterstreicht. Die Präsenz eines Rolls-Royce in diesen Videos ist ein starkes visuelles Signal, das mit Prestige und einem Elitestatus assoziiert wird und das Image des Fahrzeugs als Abzeichen für Leistung und Exklusivität unterstreicht. Diese konsistente Darstellung trägt dazu bei, das Image der Marke als erstrebenswertes Symbol zu verewigen, das tief in der kulturellen Erfolgsgeschichte verankert ist.

Insgesamt unterstreicht die Einbeziehung von Rolls-Royce in Film und Musik den bedeutenden kulturellen Einfluss der Marke und ihre Rolle als beständiges Symbol für Luxus und Erfolg. Durch strategische Auftritte in diesen Medien stärkt Rolls-Royce nicht nur seine traditionellen Assoziationen von Eleganz und Status, sondern verbindet sich auch mit neueren, jüngeren Zielgruppen und erneuert seinen Kultstatus in der öffentlichen Vorstellung kontinuierlich. Diese doppelte Präsenz auf klassischen und modernen Plattformen stellt sicher, dass Rolls-Royce ein relevantes und verehrtes Symbol in der globalen Luxuskultur bleibt.

Prominente Besitzer und Sonderanfertigungen

Der Status von Rolls-Royce als Symbol für Luxus und Exklusivität wird durch seine langjährige Zusammenarbeit mit Prominenten aus verschiedenen Bereichen wie Königshaus, Unterhaltung, Sport und Wirtschaft weiter gefestigt. Diese Beziehung unterstreicht nicht nur die

Attraktivität der Marke für hochkarätige Persönlichkeiten, sondern auch ihre Fähigkeit, hochgradig personalisierte und maßgeschneiderte Automobilerlebnisse zu bieten, die besonders von denjenigen geschätzt werden, die an Unverwechselbarkeit und Individualität bei ihren Einkäufen gewöhnt sind.

Im Laufe der Jahrzehnte ist Rolls-Royce für viele Prominente zum bevorzugten Fahrzeug geworden, eine Anerkennung, die über den bloßen Transport hinausgeht und ein Zeichen für Erfolg und Status ist. Die Faszination von Rolls-Royce für so hochkarätige Besitzer liegt nicht nur in seinem Luxus und seiner technischen Exzellenz, sondern auch in dem Prestige, das er mit sich bringt – ein Prestige, das bei Menschen gut ankommt, die selbst Symbole für Erfolg und Ehrgeiz sind. Diese prominenten Endorsements sind unschätzbare Zeugnisse für Rolls-Royce, dienen als leistungsstarkes Instrument für die Markenwerbung und stärken sein Image als Luxusikone.

Prominente entscheiden sich oft für Rolls-Royce wegen seines Erbes und des Elitestatus, den es verleiht, Elemente, die perfekt zu ihrer öffentlichen Persönlichkeit passen. Der Besitz eines Rolls-Royce durch solche Personen wird häufig in den Medien hervorgehoben, was die Marke weiter mit Exklusivität und Opulenz in Verbindung bringt. Diese Sichtbarkeit steigert die Attraktivität der

Marke erheblich und zieht mehr Kunden an, die den Lebensstil ihrer Idole nachahmen möchten.

Was Rolls-Royce auf dem Markt für Luxusautos auszeichnet, ist seine beispiellose Fähigkeit, seine Fahrzeuge an den spezifischen Geschmack seiner Kundschaft anzupassen. Dieser maßgeschneiderte Service wird von Prominenten sehr geschätzt, die oft versuchen, ihren einzigartigen Stil und ihre Vorlieben auszudrücken. Rolls-Royce bietet eine breite Palette an Anpassungsmöglichkeiten, von einzigartigen Farbpaletten, die zu jedem gewünschten Farbton des Besitzers passen können, bis hin zu personalisierten Monogrammen, die in die Kopfstützen gestickt oder in die Furniere eingelegt werden.

Der Grad der Individualisierung geht über die ästhetischen Entscheidungen hinaus und umfasst handgefertigte Innenräume, bei denen nur die besten Materialien aus der ganzen Welt verwendet werden. Ob es sich um die Art des Leders handelt, das für die Sitze verwendet wird, oder um die spezifischen Holzoberflächen, alles kann maßgeschneidert werden. Zum Beispiel entscheiden sich einige Prominente für Funktionen, die ihre persönliche Marke oder ihren Lebensstil widerspiegeln, wie z. B. Zigarrenhumidore, Champagnerkühlschränke oder sogar Panzerungen für zusätzliche Sicherheit.

Diese Möglichkeit, einen Rolls-Royce bis ins kleinste Detail zu personalisieren, verwandelt jedes Fahrzeug in ein persönliches Statement, ein mobiles Kunstwerk, das den Geschmack und die Wünsche des Besitzers widerspiegelt. Bei einer solchen Anpassung geht es nicht nur um Luxus, sondern darum, ein intimes, persönliches Erlebnis zu schaffen, das mit der Identität und dem Status des Eigentümers in Einklang steht.

Die Beziehung zwischen Rolls-Royce und Prominenten unterstreicht die enge Verbindung zwischen Personal Branding und Luxuskonsum. Für viele Prominente geht es beim Besitz eines maßgeschneiderten Rolls-Royce nicht nur darum, ein luxuriöses Transportmittel zu genießen. Es geht darum, ein individuelles Statement zu setzen und sich in einer Welt abzuheben, in der sie ständig im Rampenlicht stehen. Diese Dynamik hat Rolls-Royce geholfen, sein prestigeträchtiges Ansehen zu behaupten und weiterhin eine Kundschaft anzuziehen, für die Exklusivität und Personalisierung an erster Stelle stehen.

Rolls-Royce in Literatur und Kunst

Die Bedeutung von Rolls-Royce erstreckt sich über seine physischen Erscheinungsformen hinaus auf den Bereich der Literatur und Kunst, wo er oft mit einem reichen symbolischen Wert durchdrungen ist. In der Literatur erscheinen Rolls-Royce-Fahrzeuge häufig nicht nur als Luxusautos, sondern als starke Symbole für Opulenz, Status und den sozioökonomischen Hintergrund einer Epoche. In der Welt der Kunst variiert die Darstellung von Rolls-Royce von direkten Darstellungen in Gemälden bis hin zu abstrakten Interpretationen in modernen Installationen, die den Einfluss der Marke auf kulturelle Ausdrucksformen von Reichtum, Technologie und Ästhetik zeigen.

In literarischen Werken ist der Rolls-Royce oft mehr als ein bloßes Kulissendetail; Es ist ein entscheidendes Symbol, das Autoren verwenden, um ein bestimmtes Gefühl von Zeit und sozialer Schichtung hervorzurufen. Zum Beispiel benutzte F. Scott Fitzgerald in seinen Erzählungen des Jazz-Zeitalters den Rolls-Royce, um die Extravaganz und den lebhaften Wohlstand der Goldenen Zwanziger zu verkörpern. Das Fahrzeug ist in solchen Kontexten nicht nur ein Transportmittel, sondern ein Marker für Reichtum und Klassenunterschiede, ein Werkzeug, mit dem sich die Figuren selbst und ihren sozialen Status definieren. Auf diese Weise hilft Rolls-Royce den Autoren, ein lebendiges Bild des Lebensstils der Figuren und ihrer gesellschaftlichen Kontexte zu zeichnen, und macht es zu einem integralen Bestandteil des Geschichtenerzählens, der der Erzählung Tiefe und Authentizität verleiht.

In der Welt der bildenden Kunst hat Rolls-Royce Künstler aller Generationen und Stile inspiriert, die in verschiedenen Formen von klassischer Malerei bis hin zu zeitgenössischen Multimedia-Installationen zu sehen sind. Jede künstlerische Darstellung von Rolls-Royce fängt einzigartige Aspekte des Wesens der Marke ein – ihre Verkörperung von Luxus, ihr technisches Wunderwerk und ihr ikonisches Design. Für einige Künstler mag ein Rolls-Royce in einem Gemälde ultimative Leistung und menschlichen Einfallsreichtum symbolisieren, während er für andere, insbesondere in modernen Kunstformen, dazu dienen kann, die Konsumkultur und die Ungleichheiten des Reichtums zu kritisieren.

Kunstinstallationen, an denen Rolls-Royce beteiligt ist, reflektieren oft tiefere Themen wie Identität, Luxus und die Auswirkungen von Technologie auf die Gesellschaft. Diese Arbeiten können das zeitlose Design von Rolls-Royce modernen Elementen gegenüberstellen oder das Auto in unerwartete Kontexte stellen, um Wahrnehmungen herauszufordern oder bestimmte soziale oder politische Botschaften hervorzuheben. Durch solche künstlerischen Ausdrucksformen transzendiert der Rolls-Royce seine Identität als Luxusauto und wird zu einem Gefäß für die Vermittlung komplexer, oft provokanter Ideen.

Die Darstellungen von Rolls-Royce in Literatur und Kunst zeigen, wie tief die Marke mit dem kulturellen Gefüge verwoben ist. Ihre Präsenz in diesen Bereichen unterstreicht ihre breitere kulturelle Resonanz und ihre Fähigkeit, gesellschaftliche

Normen und Werte zu repräsentieren, zu beeinflussen und in Frage zu stellen. Die Auftritte von Rolls-Royce in diesen Medien bereichern kulturelle Erzählungen, indem sie eine Linse bieten, durch die wir Themen wie Reichtum, Ehrgeiz, menschliche Errungenschaften und gesellschaftlichen Wandel erforschen können.

Als Symbol in der Literatur und als Subjekt in der Kunst behält Rolls-Royce nicht nur seinen Status als kulturelle Ikone, sondern regt auch weiterhin zu Diskussionen und Reflexionen darüber an, was es in verschiedenen Kontexten repräsentiert. Dieses bleibende Vermächtnis kultureller Ausdrucksformen stellt sicher, dass Rolls-Royce ein relevantes und verehrtes Symbol in Diskussionen über Luxus, Handwerkskunst und die Komplexität menschlicher Sehnsüchte bleibt.

Schlussfolgerung

Der anhaltende Status von Rolls-Royce als Kult-Ikone ist nicht nur das Ergebnis seiner historischen Exzellenz in der Automobilherstellung, sondern auch ein Spiegelbild seiner meisterhaften Markenführung und strategischen Marketingbemühungen. Im Laufe seiner Geschichte hat sich Rolls-Royce geschickt an Symbolen für Erfolg und Luxus orientiert und sich tief in das globale kulturelle Bewusstsein eingebettet. In diesem Kapitel werden die vielfältigen Möglichkeiten untersucht, wie Rolls-Royce nicht nur seine Relevanz bewahrt hat, sondern auch erfolgreich war, indem es sich kontinuierlich an neue Generationen anpasste und sie ansprach und gleichzeitig an den Werten festhielt, die seine Marke definieren.

Der Einfluss von Rolls-Royce auf die Populärkultur geht weit über die unmittelbare Konsumentenbasis hinaus. Durch seine konsequenten Auftritte in den Medien – von Film und Musik bis hin zu Literatur und Kunst – überschreitet Rolls-Royce die traditionellen Grenzen der Markenbekanntheit. Im Film ist der Rolls-Royce oft mehr als ein Auto; Es ist ein entscheidendes Handlungselement oder ein definitives Symbol für Wohlstand. In der Musik, insbesondere in Genres wie Hip-Hop und R&B, unterstreicht die Bezugnahme auf einen Rolls-Royce den Erfolg und den ehrgeizigen Lebensstil des Künstlers und unterstreicht den Status des Autos als Symbol für ultimative Leistung.

Darüber hinaus festigen die Verbindungen von Rolls-Royce zu Prominenten – sei es durch Besitz, Anpassungen oder Endorsements – seine Rolle als Luxusikone. Diese hochkarätigen Persönlichkeiten fahren nicht nur Rolls-Royces, sondern integrieren sie auch in ihr öffentliches und privates Leben und präsentieren so die Marke ihrem Publikum und ihren Followern. Diese Beziehung ist sowohl für die Marke als auch für die Prominenten von Vorteil, da jede Partei das Prestige und die Anziehungskraft der anderen steigert.

Die Präsenz von Rolls-Royce in künstlerischen Ausdrucksformen spricht auch Bände über seine Rolle als kulturelles Symbol. Künstler integrieren Rolls-Royce nicht nur wegen seines ästhetischen Wertes in ihre Werke, sondern oft auch, um gesellschaftliche Themen zu kritisieren oder hervorzuheben, indem sie das Fahrzeug als Leinwand nutzen, um Fragen von Reichtum, Macht und menschlichem Ehrgeiz zu erforschen. Durch solche Darstellungen engagiert sich Rolls-Royce in breiteren kulturellen und sozialen Dialogen und fügt seiner Markenidentität Bedeutungsebenen hinzu.

Zusammenfassend lässt sich sagen, dass Rolls-Royces Platz in der Popkultur ein bewusster und sorgfältig gepflegter Aspekt seiner Markenstrategie ist. Durch die Einbettung in das Gefüge der globalen Kultur verkauft Rolls-Royce mehr als nur Luxusautos. Es verkauft einen Traum von unvergleichlichem Luxus und Exklusivität. Diese Strategie stellt sicher, dass Rolls-Royce nicht nur relevant, sondern auch über Generationen hinweg sehr begehrt bleibt und alte und neue Kunden gleichermaßen anspricht. Durch seine intelligente Integration in verschiedene kulturelle Medien und seine ständige Innovation im Design von Luxusautomobilen definiert Rolls-Royce weiterhin, was es bedeutet, ein Symbol für Erfolg und Luxus in der modernen Welt zu sein.

Kapitel 11: Die Zukunft von Rolls-Royce

Fortschritte bei Elektrofahrzeugen: Das Gespenst

Während die Automobilindustrie zunehmend auf Nachhaltigkeit und umweltfreundliche Technologien setzt, positioniert sich Rolls-Royce mit der Einführung seines ersten vollelektrischen Fahrzeugs, dem Spectre, an der Spitze dieses globalen Wandels. Diese bedeutende Entwicklung ist nicht nur eine Reaktion auf Markttrends, sondern auch ein proaktiver Schritt von Rolls-Royce, Luxus im Zeitalter von Elektrofahrzeugen (EVs) neu zu definieren. Der Spectre, der in naher Zukunft auf den Markt kommen soll, verkörpert das anhaltende Engagement von Rolls-Royce für Innovation und Luxus und markiert einen entscheidenden Schritt in der umfassenderen Strategie der Marke, ihre gesamte Produktpalette bis 2030 zu elektrifizieren.

Der Spectre ist ein Symbol dafür, wie sich Rolls-Royce an die globale Nachfrage nach saubereren und nachhaltigeren Automobiltechnologien anpasst. Mit der Umstellung auf Elektroantrieb folgt Rolls-Royce dem Trend nicht nur, sondern führt ihn an und stellt sicher, dass seine Angebote in einem sich schnell verändernden Markt weiterhin hochrelevant und begehrenswert bleiben. Dieser Schritt steht im Einklang mit dem weltweit zunehmenden regulatorischen Druck, die Kohlenstoffemissionen zu reduzieren, und der wachsenden Präferenz der Verbraucher für umweltfreundliche Produkte.

Der Ansatz von Rolls-Royce für den Spectre besteht darin, ihn mit dem gleichen Maß an Luxus, Raffinesse und Erhabenheit auszustatten, für das seine Fahrzeuge schon immer bekannt waren, aber ohne die Umweltbelastung, die traditionell mit Luxusautos der Spitzenklasse verbunden ist. Der Spectre verspricht außergewöhnlichen Komfort, sorgfältige Verarbeitung und ein ruhiges Fahrerlebnis – Markenzeichen der Marke Rolls-Royce – angetrieben von modernster Elektrotechnologie. Das Fahrzeug zielt darauf ab, einen neuen Standard auf dem Markt für Luxus-Elektrofahrzeuge zu setzen, mit fortschrittlicher Batterietechnologie und ausgeklügelten elektrischen Antriebssträngen, die nicht nur emissionsfreie Mobilität, sondern auch die beeindruckende Leistung und Laufruhe bieten, die Rolls-Royce-Kunden erwarten.

Darüber hinaus wird der Spectre über eine Reihe von maßgeschneiderten Optionen verfügen, die es den Kunden ermöglichen, ihre Fahrzeuge an ihren persönlichen Geschmack anzupassen – ein wichtiger Aspekt des Rolls-Royce-Besitzerlebnisses. Von maßgeschneiderten Innenräumen mit feinsten Materialien bis hin zu einzigartigen Außendesigns wird jedes Element des Spectre anpassbar sein, um sicherzustellen, dass jedes Fahrzeug so individuell ist wie sein Besitzer.

Mit dem Einsatz von Elektrotechnologie stellt Rolls-Royce sicher, dass der Übergang zu Elektrofahrzeugen sowohl nahtlos als auch luxuriös verläuft. Die Einführung des Spectre ist ein klares Statement für die Zukunft von Rolls-Royce – eine Zukunft, in der sich Luxus und Nachhaltigkeit nicht ausschließen, sondern nahtlos integriert sind. Diese strategische Neuausrichtung stärkt nicht nur den Ruf von Rolls-Royce als führendes Unternehmen in der Luxusautomobilindustrie, sondern zeigt auch sein Engagement für Innovation und seine Reaktionsfähigkeit auf die sich wandelnden Bedürfnisse seiner anspruchsvollen Kundschaft. Dabei verkauft Rolls-Royce nicht nur Autos. Das Unternehmen leistet Pionierarbeit für eine neue Ära der Luxusmobilität, die verspricht, das Vermächtnis der Marke von Exzellenz und Innovation auch in Zukunft fortzusetzen.

Die Rolle von Künstlicher Intelligenz und autonomem Fahren

Rolls-Royce navigiert durch die Zukunft der Luxusautomobile und erforscht aktiv die Möglichkeiten von künstlicher Intelligenz (KI) und autonomen Fahrtechnologien und schafft so die Voraussetzungen für eine revolutionäre Verbesserung des Fahrerlebnisses. Über die reine

Elektrifizierung der Flotte hinaus zielt die Investition von Rolls-Royce in diese fortschrittlichen Technologien darauf ab, die Luxusmobilität neu zu definieren, indem sie sich auf verbesserte Sicherheit, Komfort und Bequemlichkeit konzentriert, die mit den hohen Standards der Handwerkskunst und des Fahrgasterlebnisses übereinstimmen.

Rolls-Royce entwickelt KI-Systeme, die nicht nur innovativ sind, sondern auch im Einklang mit dem traditionellen Ethos der Marke stehen: müheloses Fahren. Dazu gehören potenzielle Funktionen wie autonomes Fahren auf der Autobahn und ausgeklügelte fortschrittliche Fahrerassistenzsysteme (ADAS). Diese Technologien zielen darauf ab, die Belastung des Fahrens zu reduzieren, insbesondere bei weniger ansprechenden Fahrbedingungen wie Autobahnfahrten, so dass sich die Fahrer entspannen und die Fahrt in größerer Ruhe genießen können. Durch die Automatisierung von Routineaufgaben will Rolls-Royce das Luxuserlebnis verbessern und jede Reise nicht nur sicherer, sondern auch angenehmer und entspannter machen.

Darüber hinaus geht die Rolle der KI in Rolls-Royce-Fahrzeugen über die Fahrfähigkeiten hinaus. KI wird auch genutzt, um das gesamte Fahrzeugmanagement und die Wartung zu verbessern. Durch den Einsatz von Predictive

Analytics können KI-Technologien den Zustand des Fahrzeugs in Echtzeit überwachen und Wartungsbedarf vorhersagen, bevor er offensichtlich wird. Diese Fähigkeit stellt sicher, dass jedes Rolls-Royce-Fahrzeug mit höchster Effizienz und Zuverlässigkeit arbeitet, wodurch das Fahrerlebnis verbessert wird. Besitzer profitieren von minimierten Ausfallzeiten und optimierten Wartungsplänen, die sicherstellen, dass ihr Fahrzeug in tadellosem Zustand bleibt und bei Bedarf einsatzbereit ist.

Dieser proaktive Wartungsansatz, der durch KI unterstützt wird, erhöht nicht nur die Zuverlässigkeit von Rolls-Royce-Fahrzeugen, sondern erhöht auch die Kundenzufriedenheit erheblich, indem sichergestellt wird, dass ihre Fahrzeuge weiterhin einwandfrei funktionieren. Die Integration von KI in die Wartungsroutinen von Fahrzeugen stellt einen zukunftsweisenden Ansatz für die Fahrzeugpflege dar und setzt neue Maßstäbe in der Luxusautomobilindustrie dafür, wie Technologie den Kundenservice und die Langlebigkeit von Fahrzeugen verbessern kann.

Zusammenfassend lässt sich sagen, dass Rolls-Royces Erforschung von künstlicher Intelligenz und autonomen Fahrtechnologien ein Beweis für das Engagement der Marke für Innovation und ihre Vision für die Zukunft des Luxusreisens ist. Durch die Integration dieser Technologien passt sich Rolls-Royce nicht nur an Branchentrends an, sondern gestaltet die Zukunft der Luxusautomobile aktiv mit und stellt sicher, dass die Marke ein Synonym für automobile Exzellenz und technologischen Fortschritt bleibt. Dieser strategische Fokus auf KI und autonome Technologien ebnet den Weg für eine neue Ära des Luxusfahrens, die sich durch beispiellose Sicherheit, Komfort und Bequemlichkeit auszeichnet und das Vermächtnis von Rolls-Royce fortsetzt, außergewöhnliche Fahrerlebnisse zu bieten.

Herausforderungen und Chancen der Nachhaltigkeit

Nachhaltigkeit stellt für Rolls-Royce sowohl eine gewaltige Herausforderung als auch eine bedeutende Chance dar, da das Unternehmen in der sich entwickelnden Landschaft der Luxusautomobilindustrie navigiert. Da sich die Umweltvorschriften weltweit verschärfen und die Verbraucherpräferenzen zunehmend zu umweltfreundlichen Produkten tendieren, ist sich Rolls-Royce der Notwendigkeit bewusst, im Luxussektor eine Führungsrolle im Umweltschutz zu übernehmen. Dieses Engagement spiegelt sich nicht nur in der strategischen Entwicklung von Elektrofahrzeugen wider, sondern auch in umfassenden Verbesserungen ihrer Herstellungsprozesse, um die Umweltbelastung zu minimieren.

Der Nachhaltigkeitsansatz von Rolls-Royce geht über die Einführung von Elektrofahrzeugen wie dem Spectre hinaus. Das Unternehmen investiert stark in die Verfeinerung seiner Herstellungsprozesse, um Abfall zu reduzieren und den Energieverbrauch zu senken. Dies beinhaltet die Implementierung fortschrittlicher Technologien und Methoden, die die Effizienz und Nachhaltigkeit in jeder Phase des Herstellungsprozesses verbessern. Durch die Optimierung dieser Prozesse will Rolls-Royce nicht nur seinen ökologischen Fußabdruck verringern, sondern auch einen Präzedenzfall in der Luxusautomobilindustrie schaffen, wie Umweltverantwortung in die Produktion von High-End-Luxusfahrzeugen integriert werden kann.

Darüber hinaus bemüht sich Rolls-Royce proaktiv um Innovationen im Bereich nachhaltiger Materialien und prüft Partnerschaften mit Anbietern umweltfreundlicher Ressourcen, die den Luxus oder die Qualität, die von seiner Marke erwartet werden, nicht beeinträchtigen. Diese Kooperationen konzentrieren sich auf die Integration nachhaltiger und dennoch luxuriöser Materialien in den Innenraum ihrer Fahrzeuge. Auf diese Weise hält Rolls-Royce nicht nur an umweltfreundlichen Praktiken fest, sondern steigert auch die Attraktivität seiner Fahrzeuge, indem es sich an den Werten eines wachsenden Segments umweltbewusster Verbraucher orientiert.

Bei dieser Umstellung auf nachhaltige Materialien geht es nicht nur um die Einhaltung von Umweltstandards. Es stellt eine umfassendere strategische Vision dar, um die Luxusautomobilindustrie zu beeinflussen und zu mehr ökologischer Verantwortung zu führen. Rolls-Royce ist sich bewusst, dass wahrer Luxus in Zukunft nicht nur durch Ästhetik und Leistung definiert wird, sondern auch darüber, wie effektiv eine Marke Nachhaltigkeit in ihren Produkten und Abläufen verkörpert.

Indem Rolls-Royce diese Nachhaltigkeitsherausforderungen annimmt und in Chancen umwandelt, stärkt es seine Führungsposition im Luxusautomobilsektor. Die Marke hat sich zum Ziel gesetzt, nicht nur den aktuellen Umweltanforderungen gerecht zu werden, sondern auch neue Maßstäbe für Nachhaltigkeit in der Branche zu setzen. Durch diese Bemühungen hofft Rolls-Royce, andere Luxushersteller zu inspirieren, diesem Beispiel zu folgen und so umfassendere Veränderungen in der gesamten Branche voranzutreiben, die den Umweltschutz und eine verantwortungsvolle Luxusherstellung begünstigen. Dieses Engagement für Nachhaltigkeit wird zu einem integralen Bestandteil der Identität von Rolls-Royce und zeigt, dass Luxus und Umweltverantwortung Hand in Hand gehen können, und ebnet den Weg für eine nachhaltigere Zukunft im High-End-Automobildesign.

Schlussfolgerung

Die zukünftige Entwicklung von Rolls-Royce wird durch eine dynamische Mischung aus unerschütterlicher Tradition und zukunftsweisender Innovation geschickt gestaltet. Während das Unternehmen auf dem Weg zu Spitzentechnologien wie Elektromobilität, künstlicher Intelligenz und nachhaltigen Praktiken voranschreitet, hält es unerschütterlich an seinen dauerhaften Grundwerten fest – exquisite Handwerkskunst, unübertroffener Luxus und überlegene Leistung. Diese strategische Fusion stellt sicher, dass Rolls-Royce sich nicht nur an die sich entwickelnde Automobillandschaft anpasst, sondern sie auch anführt und Standards setzt, die andere anstreben.

Der Wandel hin zur Elektromobilität ist ein klarer Indikator für das Engagement von Rolls-Royce für Innovation und Umweltschutz. Mit der Integration von Elektrofahrzeugen wie dem Spectre in seine Produktpalette reagiert Rolls-Royce nicht nur auf Markttrends, sondern beteiligt sich aktiv an der Neugestaltung der Luxusautomobilnormen. Dieser Schritt in Richtung Elektrifizierung geht einher mit der Entwicklung ausgeklügelter KI-Technologien, die das Fahrerlebnis verbessern und sowohl Autonomie als auch fortschrittliche Assistenzsysteme bieten, die die Parameter des Luxusreisens immer wieder neu definieren.

Darüber hinaus erstreckt sich das Engagement von Rolls-Royce für nachhaltige Praktiken nicht nur auf die Produkte, sondern auch auf den gesamten Betrieb. Von der Nutzung fortschrittlicher Fertigungsprozesse, die Abfall minimieren und den Energieverbrauch senken, bis hin zur Verwendung umweltfreundlicher Materialien im Fahrzeuginnenraum beweist Rolls-Royce, dass Luxus und Umweltverantwortung nahtlos nebeneinander existieren können. Dieser ganzheitliche Nachhaltigkeitsansatz spiegelt ein tiefes Verständnis der globalen Umweltherausforderungen und ein proaktives Engagement wider, Teil der Lösung zu sein.

Während Rolls-Royce diese technologischen Fortschritte navigiert, bleibt das Unternehmen bestrebt, ein unvergleichliches Luxuserlebnis zu bieten. Dabei geht es nicht nur darum, die Qualität und Leistung, die seit über einem Jahrhundert für den Namen Rolls-Royce stehen, zu erhalten, sondern auch zu verbessern. Die Marke ist weiterhin innovativ, um die Wünsche ihrer anspruchsvollen Kundschaft zu antizipieren und zu übertreffen und sicherzustellen, dass jedes Fahrzeug eine perfekte Verschmelzung von Tradition und Moderne ist.

Die vor Rolls-Royce liegende Reise ist geprägt von spannenden Chancen und Herausforderungen, da das Unternehmen weiterhin neue Technologien und nachhaltige Praktiken in sein Kerngeschäft integriert. Die Fähigkeit des Unternehmens, sein reiches Erbe mit innovativen Fortschritten zu verbinden, stellt sicher, dass es an der Spitze der Luxusautomobilindustrie bleibt. Durch die kontinuierliche Anpassung an die sich ändernden Bedürfnisse und Erwartungen seiner Kundschaft ist Rolls-Royce bereit, sein Vermächtnis von Luxus und Exzellenz fortzusetzen und mit Blick auf die Zukunft und Respekt vor der Vergangenheit voranzuschreiten. Dieser ausgewogene Ansatz garantiert, dass Rolls-Royce auch weiterhin den Markt für Luxusautos definieren und dominieren wird, indem es Fahrzeuge anbietet, die nicht nur Transportmittel sind, sondern ein tiefgründiges Zeichen von Prestige und Innovation sind.

Kapitel 12: Fazit

Das bleibende Vermächtnis von Rolls-Royce

Wenn wir über die reiche Geschichte von Rolls-Royce nachdenken, die sich von seinen Anfängen im frühen 20. Jahrhundert bis zu seiner geschätzten Position heute erstreckt, sehen wir eine Marke, die zum Synonym für Luxus und Innovation geworden ist. Im Laufe seiner Geschichte hat Rolls-Royce bedeutende Kapitel der Automobil- und Luftfahrtgeschichte nicht nur miterlebt, sondern aktiv mitgestaltet. Dieses Vermächtnis ist ein Beweis für das unermüdliche Streben der Marke nach Exzellenz, ihr tiefes Engagement für unvergleichliche Handwerkskunst und ihr unerschütterliches Engagement, die Grenzen von Technologie und Luxus zu erweitern.

Von der Herstellung von Motoren, die Pioniere der Luftfahrt antrieben, bis hin zur Produktion von Fahrzeugen, die zum Inbegriff von automobilem Luxus wurden, hat Rolls-Royce immer wieder Maßstäbe für Exzellenz gesetzt. Der Ruf der Marke für Qualität beruht auf einer akribischen Liebe zum Detail und einer Philosophie, die keine Kosten scheut, um Perfektion zu erreichen. Jedes Fahrzeug und jeder Motor, der unter dem Namen Rolls-Royce produziert wird, ist das Ergebnis einer rigorosen Ingenieurskunst, kombiniert mit einem maßgeschneiderten Ansatz, der jedes Produkt auf die anspruchsvollen Bedürfnisse seiner Kunden zuschneidet.

Im Laufe der Jahrzehnte hat sich Rolls-Royce an Veränderungen und Herausforderungen angepasst und so seine Relevanz und Führungsposition im Luxussektor gesichert. Ganz gleich, ob es um die Navigation in Kriegszeiten, die Umstellung auf Düsenantriebe in der Luftfahrt oder die Einführung ikonischer Autos geht, die Generationen geprägt haben – Rolls-Royce hat einen Innovationskurs beibehalten. Die anhaltende Anziehungskraft von Rolls-Royce beruht nicht nur auf seiner Geschichte der exzellenten Herstellung, sondern auch auf seiner Fähigkeit, die Bestrebungen seiner Ära zu symbolisieren und zu verkörpern und ihn zu einem Leuchtturm für Luxus und technologischen Fortschritt zu machen.

Was die Zukunft bringt

Rolls-Royce steht an der Schwelle zu einer neuen Ära und sieht sich mit einem Umfeld konfrontiert, das von rasanten technologischen Fortschritten und sich verändernden globalen Wirtschaftsszenarien geprägt ist. Die zukunftsorientierte Strategie der Marke konzentriert sich auf die Elektrifizierung, die Erforschung autonomer Technologien und die Vertiefung des Engagements für Nachhaltigkeit. Diese Elemente sind im Begriff, die Parameter der Luxusautomobilindustrie neu zu definieren und die führende Rolle von Rolls-Royce in diesem Sektor zu stärken.

Der Übergang zu Elektrofahrzeugen, der durch die Einführung von Modellen wie dem Spectre vorangetrieben wird, markiert einen wichtigen Schritt in der Anpassung von Rolls-Royce an die Herausforderungen der Umwelt. Dieser Schritt stellt sicher, dass die Marke relevant bleibt, indem sie sich an den globalen Veränderungen hin zu nachhaltigeren Technologien anpasst und gleichzeitig ihre hohen Standards in Bezug auf Luxus und Leistung beibehält. Der Spectre, als erstes vollelektrisches Fahrzeug von Rolls-Royce, ist nicht nur ein Auto. Es ist eine Erklärung des Engagements der Marke, ihr Vermächtnis zukunftssicher zu machen.

Darüber hinaus weist die Integration fortschrittlicher künstlicher Intelligenz und autonomer Fahrtechnologien in Rolls-Royce-Fahrzeuge auf eine Zukunft hin, in der Luxus und Spitzentechnologie nahtlos zusammenfließen. Diese Innovationen sollen das Fahrerlebnis verbessern und mehr Sicherheit, Effizienz und Personalisierung bieten. Als Pionier in diesen Bereichen stellt Rolls-Royce sicher, dass das Unternehmen weiterhin eine unvergleichliche Mischung aus traditionellem Luxus und modernen Fortschritten anbietet und sich eine einzigartige Nische in der Automobilwelt erarbeitet.

Mit Blick auf die Zukunft wird die Anpassungs- und Innovationsfähigkeit von Rolls-Royce in dieser Transformationsphase von entscheidender Bedeutung sein. Mit seinem reichen Erbe als Fundament und dem fest auf die Zukunft gerichteten Blick ist Rolls-Royce gut positioniert, um weiterhin eine führende Rolle in der Luxusautomobilindustrie zu übernehmen und Produkte anzubieten, die sowohl traditionelle Werte als auch zeitgenössische Erwartungen widerspiegeln und so Luxus für eine weitere Generation definieren.

Abschließende Überlegungen zum Einfluss von Rolls-Royce

Der Einfluss von Rolls-Royce auf die Welt ist tiefgreifend und facettenreich und geht weit über die prächtigen Fahrzeuge und Motoren hinaus, die das Unternehmen produziert. Diese ehrwürdige Marke hat unauslöschliche Spuren in kulturellen, technologischen und wirtschaftlichen Landschaften hinterlassen und sie auf unzählige Arten geprägt. Im Bereich der Popkultur ist Rolls-Royce zu einem unbestrittenen Symbol für Luxus und Exklusivität geworden, zu einem Prüfstein für Opulenz, der häufig Filme, Musik und Kunst ziert, Erzählungen unterstreicht und die visuelle Ästhetik bereichert. Seine Präsenz in diesen Medien unterstreicht seinen Status als Inbegriff von Erfolg und hohem gesellschaftlichem Status.

Technologisch ist Rolls-Royce ein Leuchtturm der Innovation, insbesondere in der Automobil- und Luftfahrtbranche. Der Pioniergeist des Unternehmens hat es dazu gebracht, hohe Maßstäbe zu setzen und die Industriestandards immer höher zu setzen. Ganz gleich, ob es sich um die Verfeinerung von Luxusfahrzeugen oder Durchbrüche bei der Leistung von Düsentriebwerken handelt, Rolls-Royce hat stets eine Vorreiterrolle übernommen und Technologien entwickelt, die Raffinesse mit robuster Funktionalität verbinden. Dieses unermüdliche Streben nach Exzellenz stellt sicher, dass die Marke nicht nur mit den Fortschritten Schritt hält, sondern oft der Zeit voraus ist und zukünftige Trends und Möglichkeiten gestaltet.

Wirtschaftlich sind die Beiträge von Rolls-Royce ebenso bedeutend. Die Marke ist ein Eckpfeiler in verschiedenen Branchen, treibt die wirtschaftliche Aktivität voran, unterstützt Arbeitsplätze und fördert Fortschritte in den Bereichen Engineering und Fertigungstechniken. Durch die Beeinflussung von Lieferketten und Innovationspfaden spielt Rolls-Royce eine zentrale Rolle in den wirtschaftlichen Ökosystemen mehrerer Länder und unterstützt Sektoren, die über seine unmittelbare Geschäftstätigkeit hinausgehen.

Während Rolls-Royce weiterhin durch die Komplexität einer sich schnell entwickelnden globalen Landschaft navigiert, dienen sein dauerhaftes Vermächtnis und seine fortlaufende Reise als Leuchtfeuer der Inspiration. Es ist ein Beispiel dafür, wie ein unerschütterliches Engagement für das Kulturerbe, gepaart mit einer vorausschauenden Innovationsstrategie, bemerkenswerte Erfolge erzielen kann. Die Geschichte von Rolls-Royce ist eine kraftvolle Erzählung über die Verschmelzung von Tradition und Vision und beweist, dass mit den richtigen Werten und unermüdlichem Streben selbst die ehrgeizigsten Träume verwirklicht werden können.

Schlussfolgerung

Dieses Buch hat sich bemüht, die Essenz von Rolls-Royce einzufangen und ein Vermächtnis zu feiern, das tief mit dem Gefüge der globalen Industrie und Kultur verwoben ist. Von seinen Anfängen im frühen 20. Jahrhundert bis zu seinem heutigen Status als Bannerträger für Luxus und technologische Innovation hat Rolls-Royce nicht nur Produkte geschaffen, sondern auch eine unverwechselbare Geschichte geschaffen, die über Generationen hinweg nachhallt. Wenn der Leser die letzte Seite umblättert, hofft man, dass er nicht nur ein umfassendes Verständnis für die historische Bedeutung von Rolls-Royce mitnimmt, sondern auch eine Wertschätzung dafür, wie die Marke die Grenzen von Luxus und Technik immer wieder neu definiert.

Das Streben von Rolls-Royce nach Perfektion ist eine kontinuierliche Reise, die vom Spirit of Ecstasy geprägt ist – ein Symbol, das den Aufstieg und die anhaltende Anziehungskraft der Marke treffend einfängt. Es geht darum, Erfahrungen zu schaffen, die über den bloßen Transport hinausgehen. Es geht darum, ein Vermächtnis zu schaffen, das die Zeit überdauert. Während sich die Marke weiterentwickelt, setzt sie weiterhin auf Innovation und Inspiration und stellt sicher, dass der Name Rolls-Royce ein Synonym für automobilen Luxus und technologische Meisterschaft bleibt. Durch sein Engagement für Exzellenz und seine unerschütterlichen Werte fährt Rolls-Royce nicht nur auf den Straßen, sondern auch in den Bestrebungen und Vorstellungen vieler Menschen auf der ganzen Welt.

Anhang A: Zeitleiste der Meilensteine von Rolls-Royce

1904: Gründung von Rolls-Royce

- Charles Rolls und Henry Royce treffen sich in Manchester und vereinbaren eine Partnerschaft und gründen Rolls-Royce. Das Unternehmen wurde unter der Prämisse gegründet, qualitativ hochwertige Autos herzustellen.

1907: Einführung des Silver Ghost

- Rolls-Royce stellt den Silver Ghost vor, der aufgrund seiner Zuverlässigkeit und Laufruhe bald als bestes Auto der Welt gefeiert wird und einen neuen Standard für automobile Exzellenz setzt.

1925: Einführung der Phantom-Serie

- Der Phantom I kommt auf den Markt und löst den ehrwürdigen Silver Ghost ab. Es führt fortschrittliche Technologie und Luxus ein und festigt den Ruf von Rolls-Royce auf dem Markt für Luxusautos.

1933: Einführung des Merlin-Motors

- Rolls-Royce entwickelt das Merlin-Triebwerk, das zu einem der berühmtesten Flugzeugtriebwerke des Zweiten Weltkriegs wird und Flugzeuge wie die Spitfire und den Lancaster-Bomber antreibt.

1946: Veröffentlichung der Silver Wraith nach dem Zweiten Weltkrieg

- Das erste Automodell, das nach dem Zweiten Weltkrieg eingeführt wurde, der Silver Wraith, zeichnet sich durch innovatives Design und Technologie aus und symbolisiert eine neue Ära des Luxus der Nachkriegszeit.

1955: Debüt der Silver Cloud

- Rolls-Royce bringt die Silver Cloud auf den Markt, die für ihre Mischung aus Stil, Komfort und Leistung bekannt ist und damit einen weiteren Höhepunkt im Luxus-Automobildesign markiert.

1965: Ausbau der Triebwerksproduktion

- Rolls-Royce baut seine Luft- und Raumfahrtsparte aus und beginnt mit der Produktion von Strahltriebwerken, darunter das RB211, das später eine zentrale Rolle in der kommerziellen Luftfahrt spielt.

1971: Verstaatlichung der Luft- und Raumfahrtsparte

- Finanzielle Schwierigkeiten aufgrund der Entwicklungskosten des RB211-Triebwerks führen zur Verstaatlichung der Luft- und Raumfahrtsparte von Rolls-Royce, die von der Automobilsparte abgespalten wird.

1980: Einführung des Silver Spirit

- Die Einführung des Silver Spirit modernisiert die Rolls-Royce-Modellpalette mit modernem Design und verbesserter Technologie und spricht damit eine neue Generation von Käufern von Luxusautos an.

1998: Übernahme durch BMW

- BMW erwirbt Rolls-Royce Motor Cars und läutet eine neue Ära der Investitionen und Innovationen ein, die sich maßgeblich auf die Produktentwicklung und die Markenstrategie auswirken wird.

2003: Markteinführung des neuen Phantom unter BMW

- Der neue Phantom wird unter der Eigentümerschaft von BMW vorgestellt und präsentiert unvergleichlichen Luxus und fortschrittliche Technologie, die die Standards moderner Luxusautomobile neu definiert.

2009: Einführung des Ghost-Modells

- Der Ghost kommt auf den Markt und richtet sich mit einem moderneren und etwas kleineren Design an ein jüngeres Publikum, hält aber dennoch die traditionellen Werte des Rolls-Royce-Luxus aufrecht.

2013: Vorstellung des Wraith-Modells

- Der Wraith, ein leistungsstarker und dynamischer Grand Tourer, wird vorgestellt und erweitert das Portfolio von Rolls-Royce mit Fokus auf Leistung in Verbindung mit Luxus.

2021: Ankündigung des Spectre, des ersten Elektrofahrzeugs

- Rolls-Royce kündigt die Entwicklung des Spectre an, seines ersten vollelektrischen Fahrzeugs, und signalisiert damit einen deutlichen Wandel in Richtung Nachhaltigkeit und Innovation in der Elektromobilität.

Anhang B: Glossar der Fachbegriffe

- **Fahrgestell:** Das Fahrgestell ist das Grundgerüst eines Fahrzeugs, einschließlich des Rahmens, auf dem die Karosserie und andere wichtige Fahrzeugkomponenten wie Motor, Aufhängungssysteme und Räder montiert sind. In Luxusfahrzeugen wie denen von Rolls-Royce ist das Fahrwerk entscheidend für die Integration fortschrittlicher Technologien und bietet gleichzeitig die strukturelle Integrität und Fahrqualität, die von High-End-Automobilen erwartet werden.

- **V12-Motor:** Dieser Begriff bezieht sich auf eine Motorkonfiguration, bei der zwölf Zylinder in V-Form angeordnet sind. Diese Bauweise ermöglicht eine kompaktere Motorauslegung im Vergleich zu Motoren mit geradlinig angeordneten Zylindern. Der V12-Motor ist bekannt für seine Kraft und seinen reibungslosen Betrieb, was ihn zu einer beliebten Wahl für Hochleistungs- und Luxusfahrzeuge wie Rolls-Royce macht, bei denen Raffinesse und kraftvolle Leistung von größter Bedeutung sind.

- **Turbofan:** Ein Triebwerkstyp, der in der Luftfahrt besonders effizient Schub erzeugt. Es verwendet einen großen Ventilator, um ein großes Luftvolumen mit einer relativ niedrigen Geschwindigkeit zu beschleunigen, im Gegensatz zur Beschleunigung einer kleinen Luftmenge mit hoher Geschwindigkeit, wie es bei Turbojet-Triebwerken der Fall ist. Turbofans sind in Verkehrsflugzeugen weit verbreitet, da sie bei den Unterschallgeschwindigkeiten, mit denen diese Flugzeuge arbeiten, effizient sind.

- **Bespoke**: Ein Begriff, der im Zusammenhang mit Rolls-Royce häufig verwendet wird, um Sonderanfertigungen oder maßgeschneiderte Produkte zu beschreiben. In der Automobilsprache bezieht sich der Begriff "maßgeschneidert" auf Fahrzeuge oder Fahrzeugfunktionen, die auf die Spezifikationen einer Person zugeschnitten sind. Rolls-Royce bietet maßgeschneiderte Dienstleistungen an, die es Kunden ermöglichen, verschiedene Aspekte ihrer Fahrzeuge zu personalisieren, von Lackfarben und Innenraummaterialien bis hin zu einzigartigen Funktionen im Fahrzeug.

- **High-Bypass Ratio**: Dies ist ein Begriff, der verwendet wird, um Turbofan-Triebwerke zu beschreiben, bei denen ein großer Teil der vom Lüfter verarbeiteten Luft den Kern des Triebwerks umgeht. High-Bypass-Triebwerke sind kraftstoffeffizienter und leiser als Low-Bypass-Triebwerke und eignen sich daher ideal für die kommerzielle Luftfahrt. Rolls-Royce ist ein Pionier auf dem Gebiet der High-Bypass-Turbofan-Technologien, die in der modernen Luft- und Raumfahrttechnik eine entscheidende Rolle spielen.

Anhang C: Verzeichnis der bemerkenswerten Rolls-Royce-Modelle

- **Silver Ghost (1907):** Bekannt für seine Zuverlässigkeit und seinen reibungslosen Betrieb, begründete der Silver Ghost den Ruf von Rolls-Royce, das "beste Auto der Welt" zu bauen und einen hohen Standard für Luxusautomobile zu setzen.

- **Phantom-Serie (ab 1925):** Diese Serie verkörpert den Höhepunkt des automobilen Luxus und des technologischen Fortschritts, beginnend mit dem Phantom I im Jahr 1925 und über die nachfolgenden Modelle bis hin zum neuesten Phantom, der 2017 vorgestellt wurde und für seine bahnbrechenden Innovationen und seinen unübertroffenen Luxus bekannt ist.

- **Silver Cloud (1955):** Die Silver Cloud symbolisiert den Luxus der Nachkriegszeit und ist bekannt für signifikante Verbesserungen bei Fahrverhalten und Komfort und läutet eine neue Ära des Luxusautomobildesigns ein.

- **Silver Shadow (1965):** Der Silver Shadow wurde 1965 vorgestellt und verfügte über bedeutende technologische Fortschritte, darunter ein Monocoque-Chassis und ausgefeiltere Aufhängungssysteme, die einen modernen Wandel in Bezug auf Technik und Komfort markierten.

- **Silver Spirit (1980):** Dieses Modell läutete eine moderne Ära für Rolls-Royce mit aktualisierten Designs und verbesserten technologischen Funktionen ein, die die sich entwickelnden Luxusstandards der 1980er Jahre widerspiegeln.

- **Silver Seraph (1998):** Die Silver Seraph brachte ein neues technologisches Niveau bei Rolls-Royce, einschließlich eines V12-Motors und fortschrittlicherer Luxusfunktionen, und schuf damit die Voraussetzungen für zukünftige Innovationen.

- **Phantom (2003):** Der neue Phantom wurde unter BMW wiedereingeführt und kombinierte klassischen Rolls-Royce-Luxus mit zeitgemäßer Technologie und definierte den Markt für Luxuslimousinen neu.

- **Ghost (2009):** Der Ghost richtet sich an eine jüngere Zielgruppe und bietet fortschrittliche Technologie und ein dynamisches Fahrerlebnis, verpackt in Rolls-Royce-Luxus, der 2020 mit einem neuen Modell aktualisiert wurde.

- **Wraith (2013):** Der Wraith, ein Grand Tourer, verbindet Kraft mit Eleganz und ist damit das leistungsorientierteste Modell der Rolls-Royce-Reihe.

- **Dawn (2015):** Als luxuriöses Cabriolet betont der Dawn Freiheit und Freizeit und fängt die Essenz des offenen Fahrens mit tadelloser Raffinesse ein.

- **Cullinan (2018):** Der erste SUV der Marke, der Cullinan, erweitert den Luxus von Rolls-Royce auf den Offroad-Markt und verbindet Nützlichkeit und Opulenz auf eine Weise, wie es nur Rolls-Royce kann.

- **Spectre (2024):** Als erstes vollelektrisches Fahrzeug von Rolls-Royce repräsentiert der Spectre die Zukunft der Marke, indem er Nachhaltigkeit mit Luxus verbindet und das Innovationserbe der Marke fortsetzt.

Über den Autor

Etienne Psaila, ein versierter Autor mit mehr als zwei Jahrzehnten Erfahrung, beherrscht die Kunst, Wörter über verschiedene Genres hinweg zu weben. Sein Weg in der literarischen Welt ist geprägt von einer Vielzahl von Publikationen, die nicht nur seine Vielseitigkeit, sondern auch sein tiefes Verständnis für verschiedene Themenlandschaften unter Beweis stellen. Es ist jedoch der Bereich der Automobilliteratur, in dem Etienne seine Leidenschaften wirklich kombiniert und seine Begeisterung für Autos nahtlos mit seinen angeborenen Fähigkeiten zum Geschichtenerzählen verbindet.

Etienne hat sich auf Auto- und Motorradbücher spezialisiert und erweckt die Welt der Automobile durch seine eloquente Prosa und eine Reihe atemberaubender, hochwertiger Farbfotografien zum Leben. Seine Werke sind eine Hommage an die Branche, indem sie ihre Entwicklung, den technologischen Fortschritt und die schiere Schönheit von Fahrzeugen auf eine Weise einfangen, die sowohl informativ als auch visuell fesselnd ist.

Als stolzer Alumnus der Universität Malta bildet Etiennes akademischer Hintergrund eine solide Grundlage für seine akribische Forschung und sachliche Genauigkeit. Seine Ausbildung hat nicht nur sein Schreiben bereichert, sondern auch seine

Karriere als engagierter Lehrer vorangetrieben. Im Klassenzimmer, genau wie in seinem Schreiben, ist Etienne bestrebt, zu inspirieren, zu informieren und die Leidenschaft für das Lernen zu entfachen.

Als Lehrer nutzt Etienne seine Erfahrung im Schreiben, um sich zu engagieren und zu bilden, und bringt seinen Schülern das gleiche Maß an Hingabe und Exzellenz wie seinen Lesern. Seine Doppelrolle als Pädagoge und Autor versetzt ihn in eine einzigartige Position, um komplexe Konzepte klar und einfach zu verstehen und zu vermitteln, sei es im Klassenzimmer oder durch die Seiten seiner Bücher.

Mit seinen literarischen Werken prägt Etienne Psaila die Welt der Automobilliteratur nachhaltig und fesselt Autoliebhaber und Leser gleichermaßen mit seinen aufschlussreichen Perspektiven und fesselnden Erzählungen.
Er ist persönlich erreichbar unter etipsaila@gmail.com